はじめてのWebページ作成

HTML・CSS・JavaScriptの基本

編著 松下孝太郎
Kotaro Matsushita

著 山本 光／沼 晃介／樋口大輔／鈴木一史／市川 博
Ko Yamamoto　Kosuke Numa　Daisuke Higuchi　Motofumi Suzuki　Hiroshi Ichikawa

講談社

はじめに

本書は，これまでWebページを作成した経験のない人でも，Webページを作成することができるようになる本です．Webページはインターネットを通して閲覧するだけでなく，自分で作成できるようになると，Webページの理解がより深まります．

本書の特徴として，次の点を挙げることができます．

●Webページの作成経験がなくてもWebページを作成することができる．
●コンピュータやソフトウェアの進歩があっても，今後も変わらない基礎的な技術のみを解説している．
●短期間で効率的に学習できる．
●必要箇所を辞書的に利用することができる．

Chapter1：Webページの作成方法について解説しています．エディタによるWebページの記述，WebブラウザによるWebページの表示などについて学習できます．
Chapter2：Webページを作成するために必須であるHTMLについて解説しています．文字の表示，文章のレイアウト，リンク，画像の挿入，表の作成，音声・映像の挿入と再生などについて学習できます．
Chapter3：WebページのデザインをImportant定義するためのCSSについて解説しています．文字のデザイン，画面のデザイン，画面のレイアウトなどについて学習できます．
Chapter4：Webページに変化や動きを与えることができるJavaScriptについて解説しています．変数，条件分岐，繰り返しなどについて学習できます．
巻末資料：標準色一覧とカラーチャートを備えています．

なお，各章における操作手順などは，OSにWindows10，WebブラウザにInternet Explorer 11を使用している環境を想定していますが，それ以前のものでもほぼ同様の操作により行えます．

最後に，本書を執筆するにあたりご意見をいただいた，筆者らの勤務校の大学院修了生，学部卒業生に感謝の意を表します．

編著者　松下孝太郎
2017年10月

はじめに

CONTENTS

Chapter 4 JavaScript

資料

Webページとは

1.1 Webページの概要
1.2 Webページの作成
1.3 Webページの表示

1.1 Webページの概要

Webページは，HTMLファイルをWebブラウザに読み込ませることにより表示されます．Webページの主な構成要素は，HTML，CSS，JavaScriptです．

1.1.1 Webページの仕組み

Webページは，HTMLファイルをWebブラウザに読み込ませることにより表示されます．Webページの作成とは，Webブラウザに読み込ませるためのHTMLファイルを作成することです．

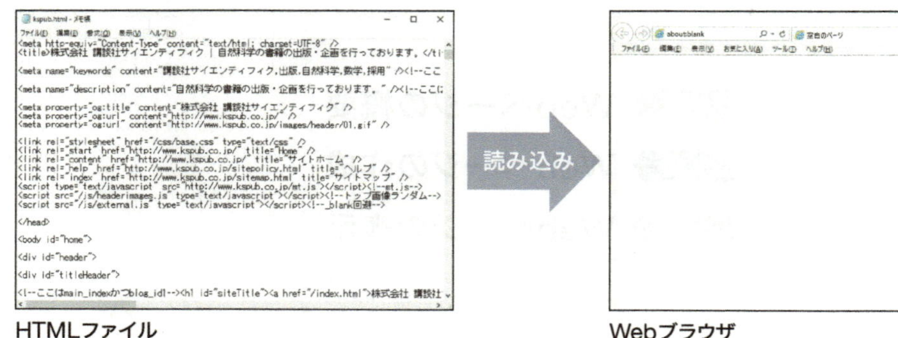

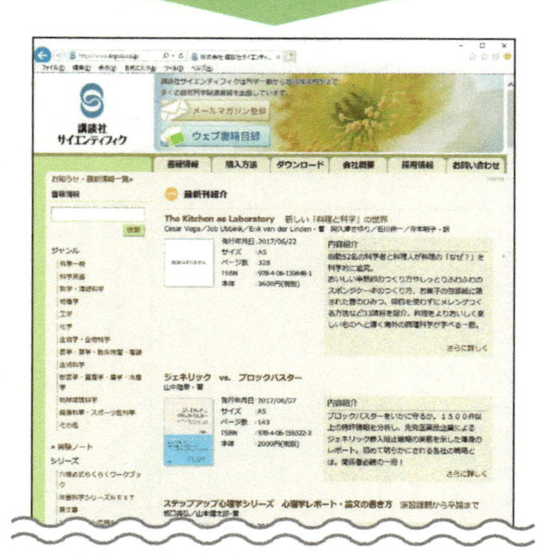

Webブラウザに表示されたWebページ

1.1.2　Webページの構成要素

Webページはさまざまな要素から構成されています．なかでも，HTML，CSS，JavaScriptは重要な構成要素です． HTMLは単独でも用いられます． CSSとJavaScriptはHTMLと一緒に使用されます．

HTML

HTML（Hyper Text Markup Language）は，Webページを作成するための書式です． WebページはHTMLのみで作成できますが，CSSやJavaScriptを用いることにより，Webページで表現できる内容の幅が広がります．

CSS

CSS（Cascading Style Sheets）とは，Webページをデザインするための書式です． HTMLにはWebページの構造と内容を記述し，CSSにはWebページのデザインを記述します．これにより，Webページを見やすく効率的に作成することができます．

JavaScript

JavaScriptは，Webページにさまざまな効果をもたせるための書式です．Webページに動きをつけるなどの効果を加えることができます．

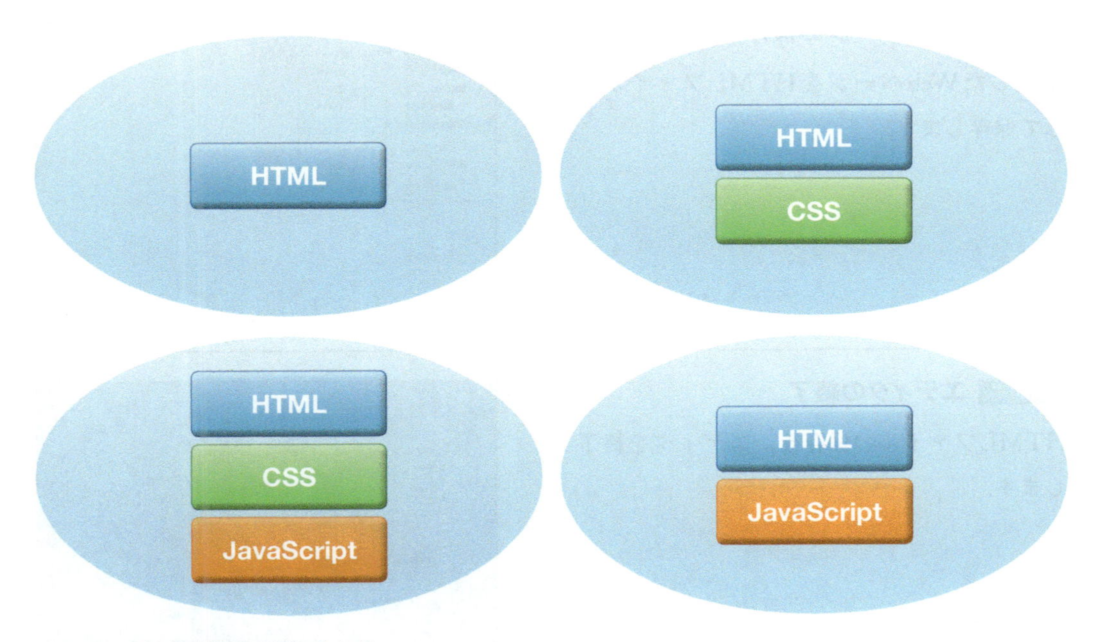

Webページの構成要素の組み合わせ

1.1.3 Webページの作成手順

Webページは，次の手順により作成することができます．

手順1 エディタの起動

Webページを記述するためのエディタを起動します．

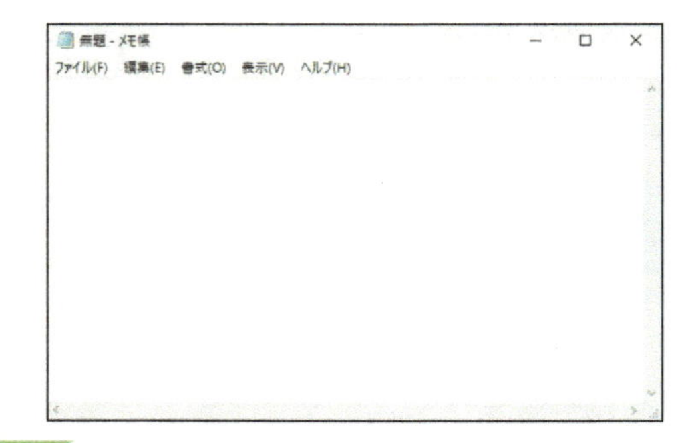

手順2 Webページの記述

エディタによりWebページの内容を記述します．

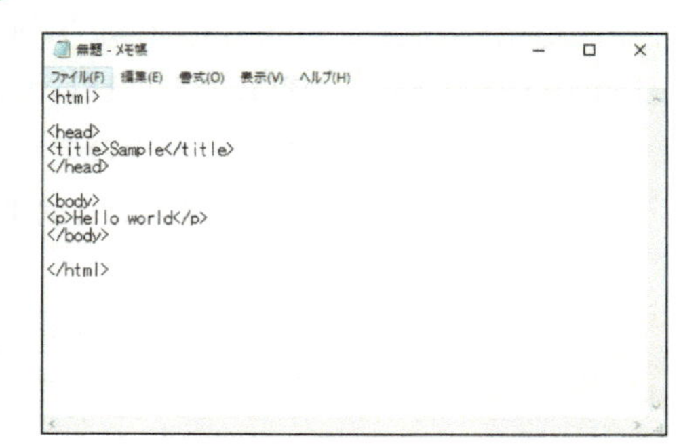

手順3 Webページの保存

作成したWebページをHTMLファイルとして保存します．

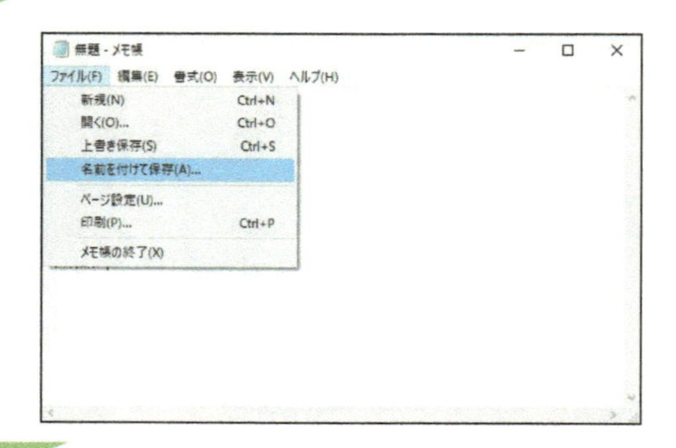

手順4 エディタの終了

HTMLファイルの保存後，エディタを終了します．

1.1.4 Webページの表示手順

Webページは，次の手順により表示することができます．

手順1 Webブラウザの起動

Webページを表示させるためのWebブラウザを起動します．

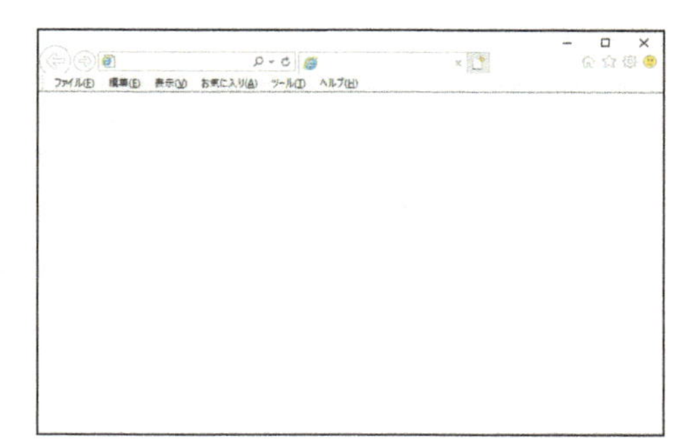

手順2 Webページの表示

WebブラウザにHTMLファイルを読み込んでWebページを表示させます．

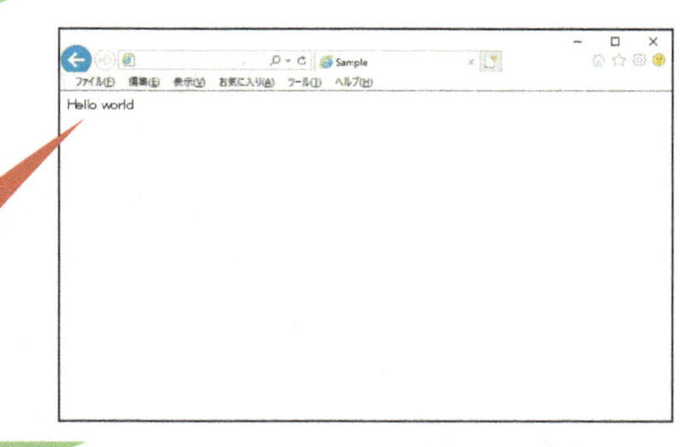

手順3 Webブラウザの終了

Webページの閲覧後，Webブラウザを終了します．

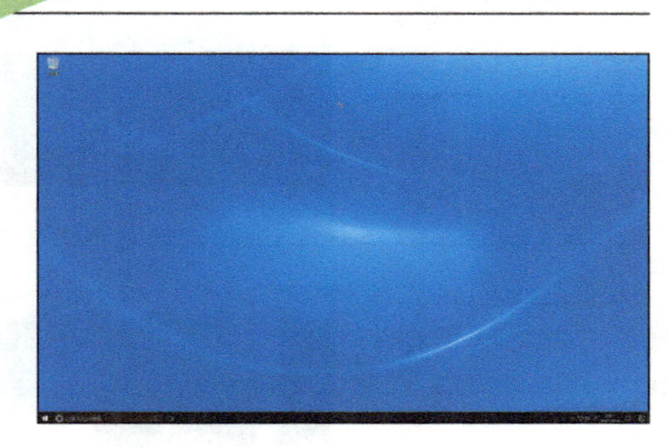

1.2 Webページの作成

Webページの作成は，エディタにより行います．
作成したWebページはHTMLファイルとして保存します．

1.2.1 メモ帳の起動

Webページの作成は，エディタにより行います．ここでは，Windowsに標準で付属している「メモ帳」を使用します．
まず，メモ帳を起動します．

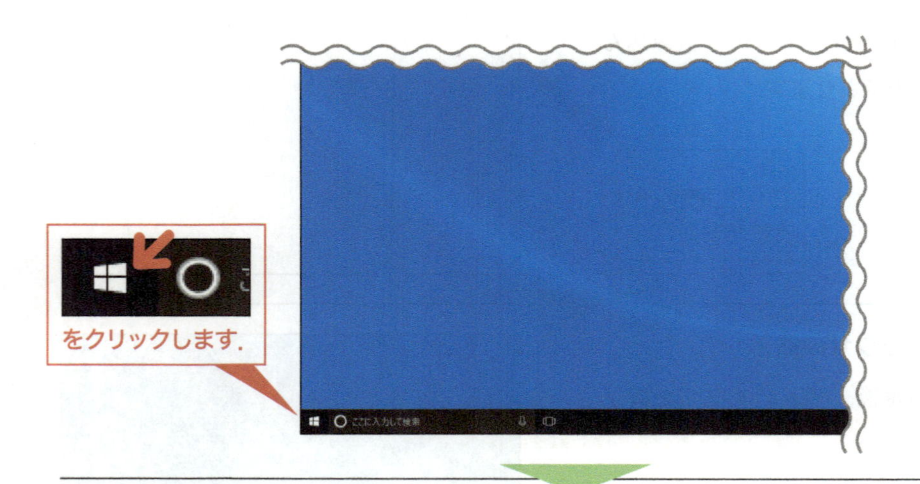

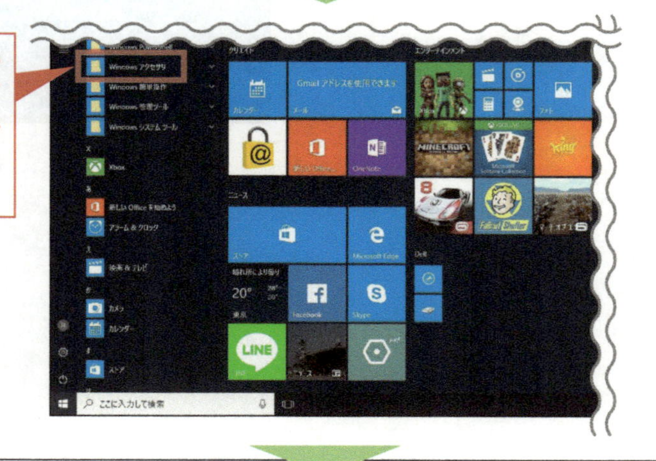

表示された一覧から，［Windowsアクセサリ］のフォルダを選んでクリックします．

表示された一覧から，［メモ帳］を選んでクリックします．

［メモ帳］が起動します．

別方法

メモ帳は，次の手順でも起動することができます．

1 キーボードの［Windows］キーを押しながら［R］キーを押します．

2 入力欄に，「notepad」と入力し，［OK］をクリックします．

ファイル名を指定して実行

実行するプログラム名、または開くフォルダーやドキュメント名、インターネット リソース名を入力してください。

名前(O): notepad

OK　キャンセル　参照(B)...

1.2.2 Webページの記述

キーボードを使ってメモ帳に入力をし，Webページの内容を記述します．

マウスカーソルの点滅を確認します．

マウスカーソルが点滅していないときは，メモ帳の画面をマウスでクリックします．

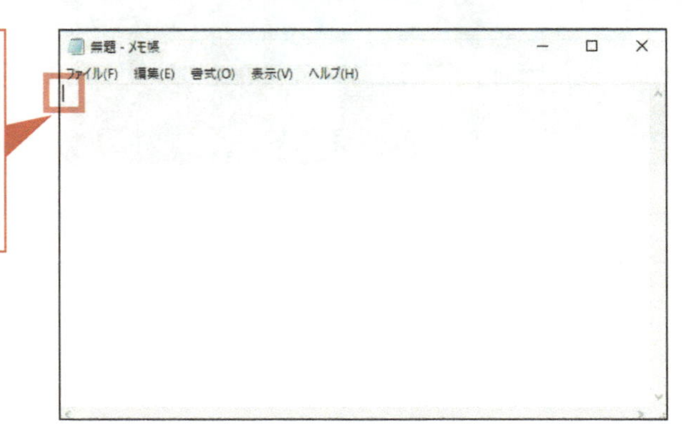

キーボードでメモ帳へ入力を行います．

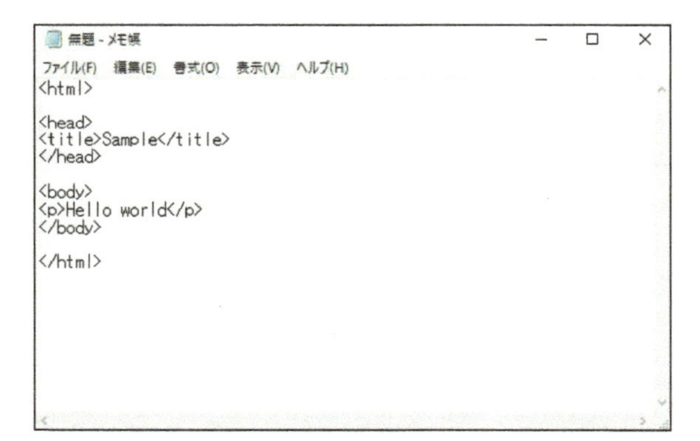

入力の切り替え

ひらがなや漢字などの全角文字を入力するときは，キーボードの半角／全角漢字キーを押して入力モードを切り替えます．半角／全角漢字キーを押すたびに，半角モードと全角モードが切り替わります．

1.2.3 Webページの保存

メモ帳で作成したWebページを，HTMLファイルとして保存します．

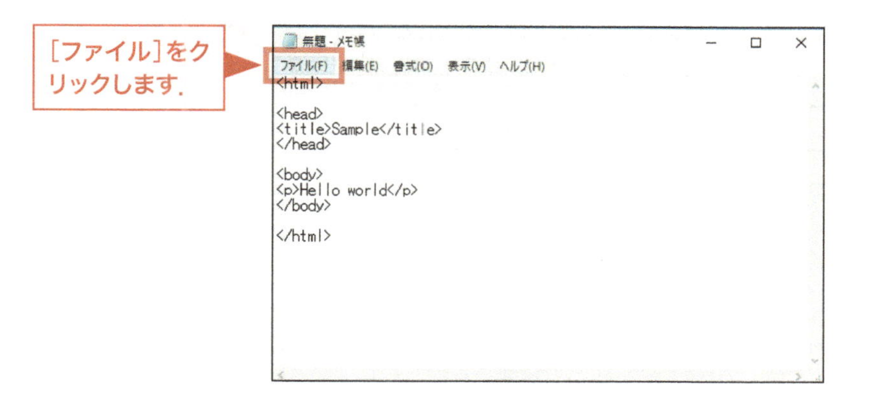

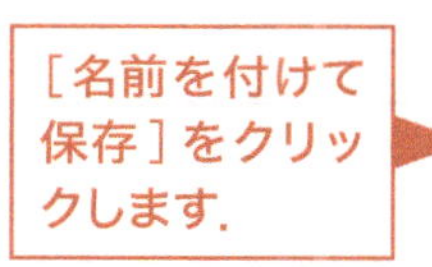

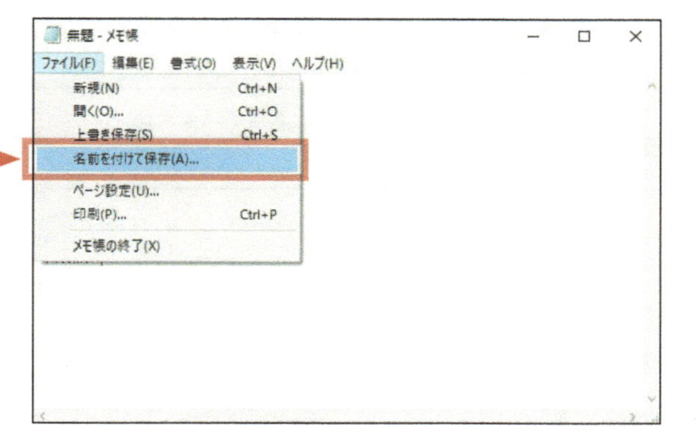

[ドキュメント]をクリックします．

ここでは，[ドキュメント]フォルダへの保存を行っています．他のフォルダに保存してもかまいません．

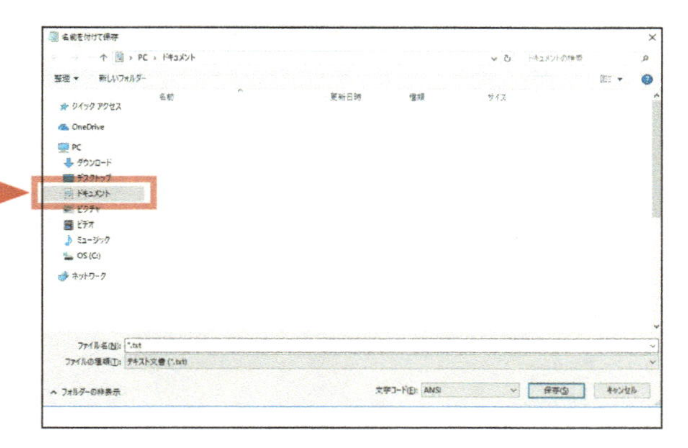

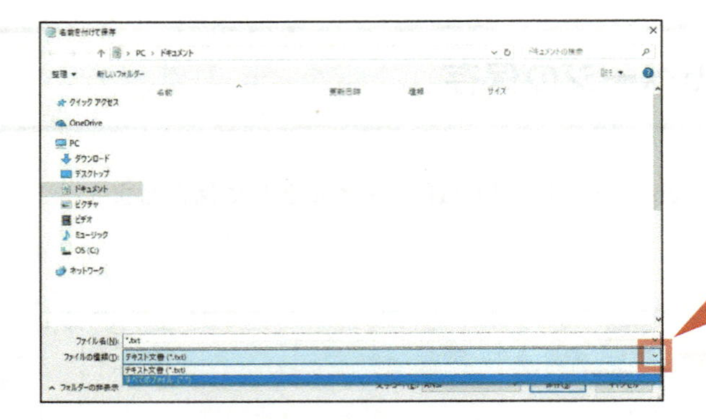

［∨］をクリックし，表示された一覧から［すべてのファイル］を選んでクリックします．

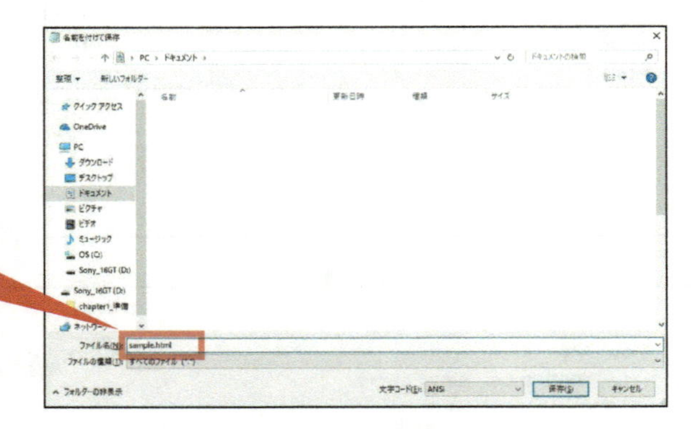

ファイル名を入力します．

ここでは，ファイル名を「sample.html」としています．
「.html」を付け忘れないようにします．

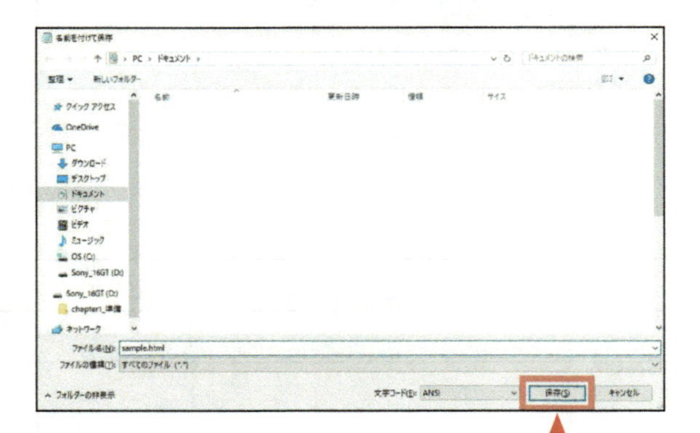

［保存］をクリックします．

1.2.4 メモ帳の終了

HTMLファイルを保存したら，メモ帳を終了します．

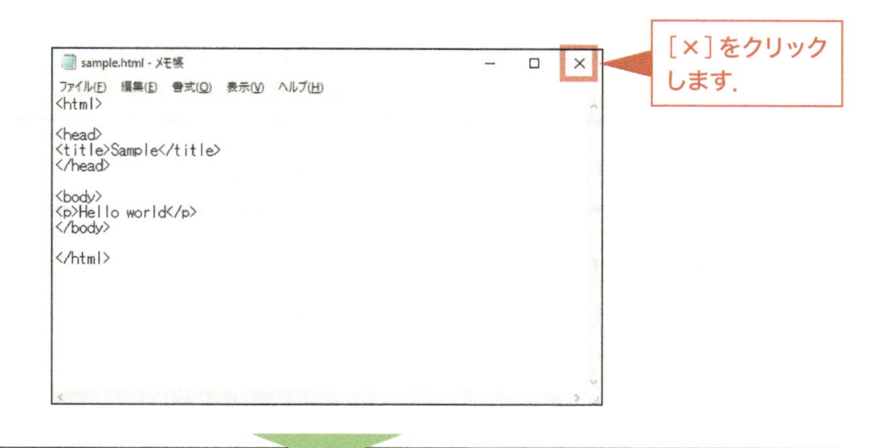

メモ帳が終了します．

メモ帳が終了し，デスクトップの画面に戻ります．

別方法

メモ帳は次の手順でも終了することができます．

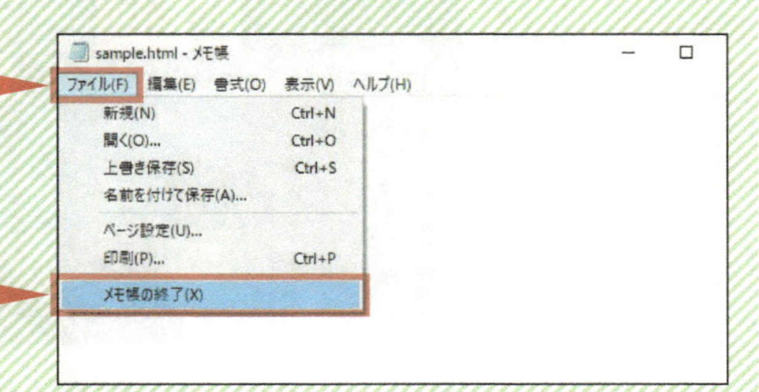

1 [ファイル]をクリックします．

2 表示された一覧から，[メモ帳の終了]を選んでクリックします．

1.3 Webページの表示

Webページは，HTMLファイルをWebブラウザに読み込ませて表示します．

1.3.1 Internet Explorerの起動

Webページは，HTMLファイルをWebブラウザに読み込ませて表示します．ここでは，Webブラウザに Windows に標準で付属している Internet Explorer を使用します．まず，Internet Explorer を起動します．

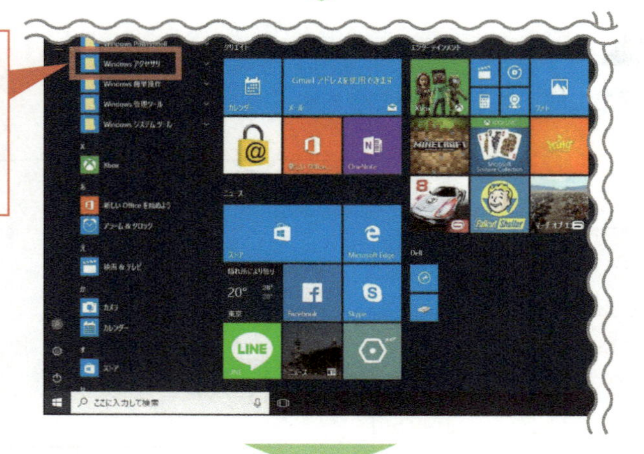

表示された一覧から，［Windowsアクセサリ］のフォルダを選んでクリックします．

表示された一覧から，[Internet Explorer]を選んでクリックします．

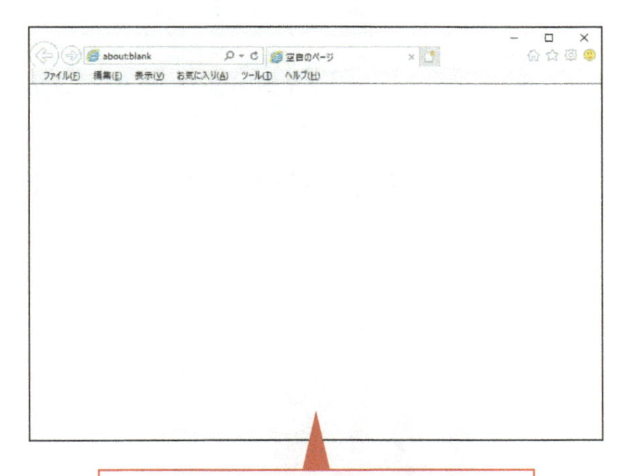

[Internet Explorer]が起動します．

別方法

デスクトップにショートカットアイコンがある場合は，ショートカットアイコンをダブルクリックして起動させることができます．

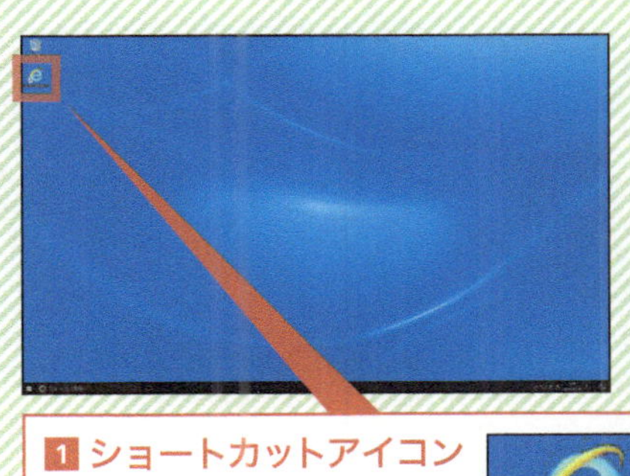

1 ショートカットアイコンをダブルクリック

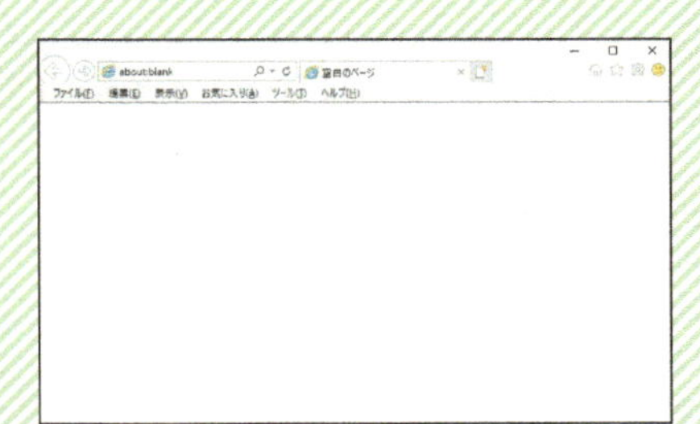

2 [Internet Explorer]が起動します．

1.3.2 Webページの読み込みと表示

HTMLファイルをInternet Explorerに読み込ませ，Webページを表示します．

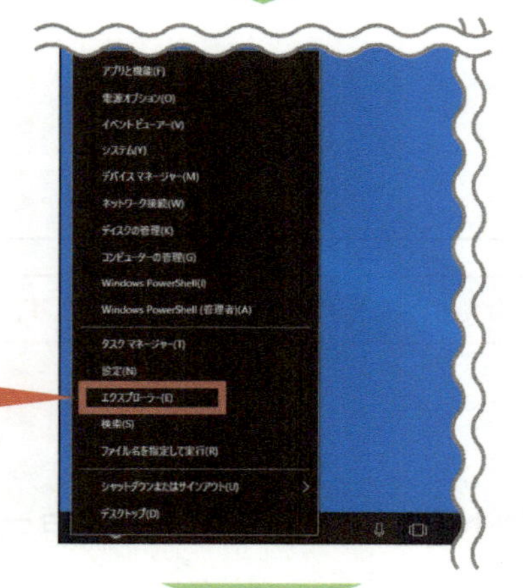

表示された一覧から，［エクスプローラー］を選んでクリックします．

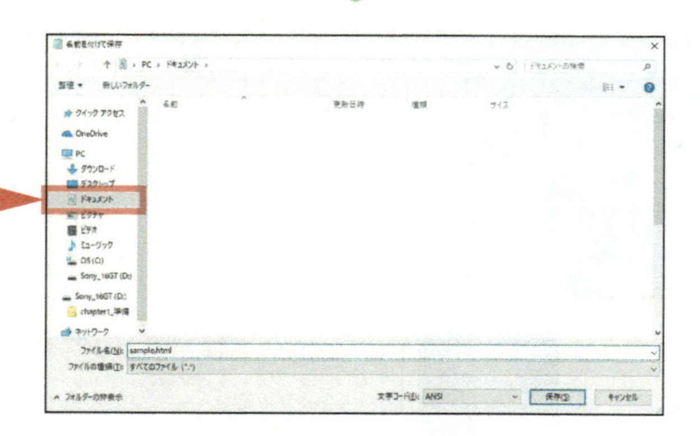

［ドキュメント］をクリックします．

ここでは，HTMLファイルが［ドキュメント］フォルダに保存されていることを想定しています．

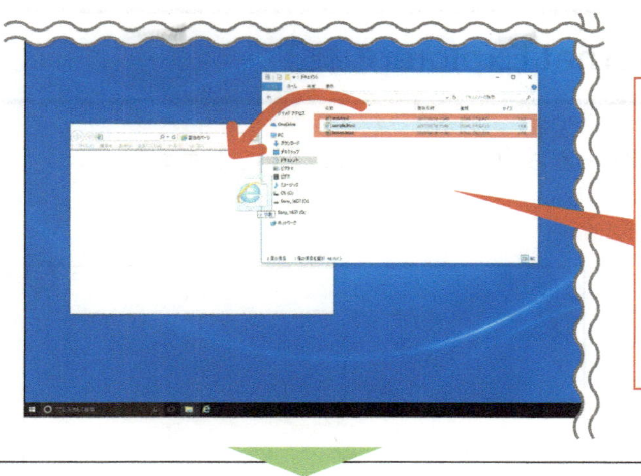

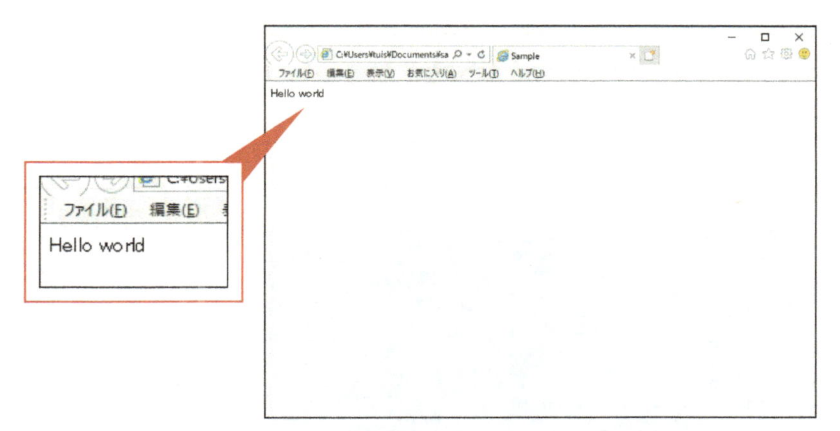

拡張子

ファイルの「.」より後ろの部分(HTMLファイルの場合は「html」)を拡張子といいます.拡張子はファイルの種類を示しています.ファイルの拡張子を含めた形式でドキュメントを表示させたい場合は,エクスプローラーの[表示]タブをクリックし,[ファイル名拡張子]をクリックしてチェックを入れます.

エクスプローラーは,キーボードの⊞キーを押しながらEキーを押すと起動します.

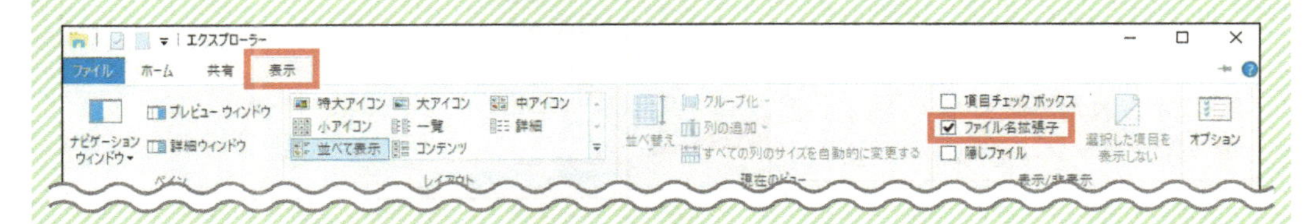

1.3.3 Internet Explorerの終了

Webページを見終わったら，Internet Explorerを終了します．

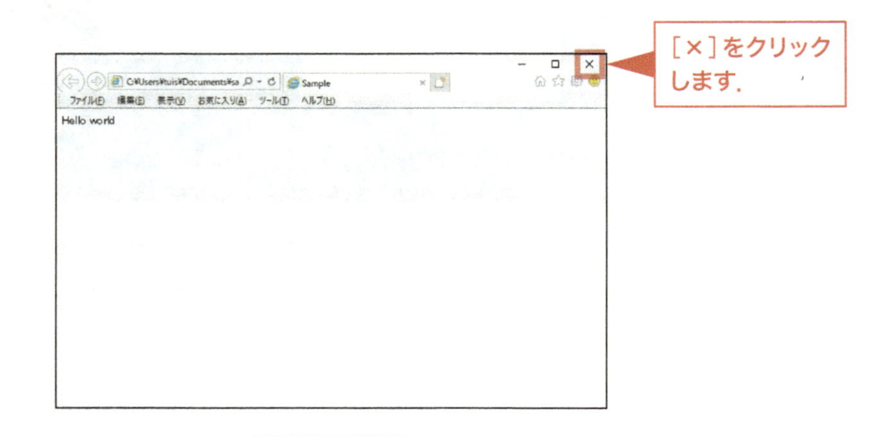

Internet Explorerが終了します．

Internet Explorerが終了し，デスクトップの画面に戻ります．

別方法

Internet Explorerは，次の手順でも終了することができます．

1 ［ファイル］をクリックします．

2 表示された一覧から，［終了］を選んでクリックします．

Chapter

HTML

2.1 HTMLの概要

HTMLは，ヘッダ部とボディ部から構成されています．
ヘッダ部にはWebページの情報などを，ボディ部には内容を記述します．

2.1.1 HTMLの構造

HTML文書は，<html>から始まり</html>で終わる構造をしています． <head>～</head>の間に，タイトルや作者など，Webページの属性を記述します．この部分をヘッダ（ヘッダ部）といいます．また，<body>～</body>の間に，Webページに表示させる内容を記述します．この部分をボディ（ボディ部）といいます．

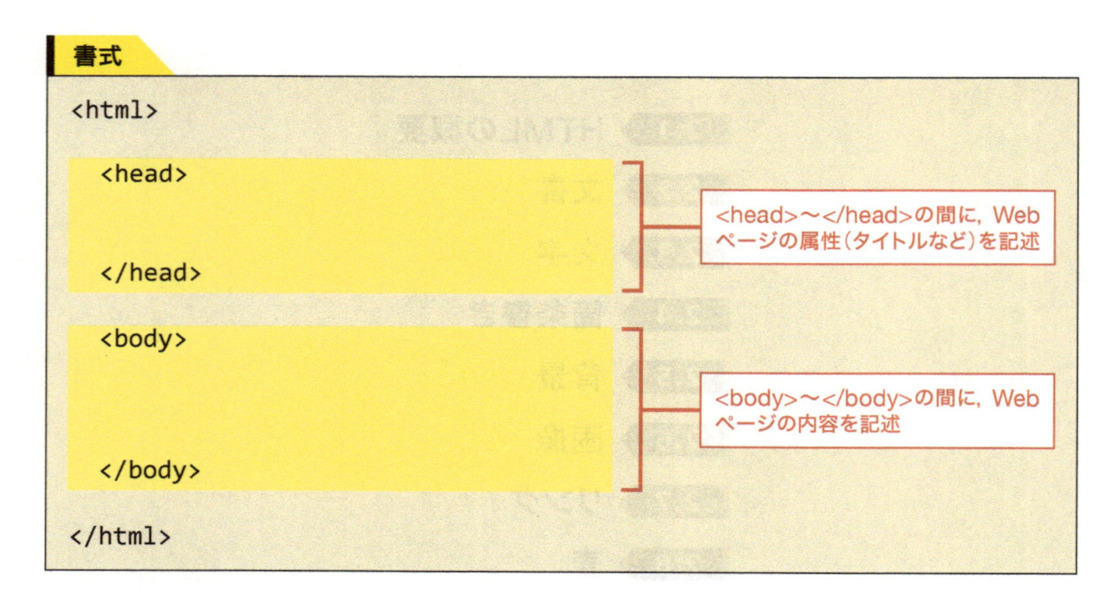

簡単なWebページを作成してみましょう．Webページは Windowsのメモ帳などで作成しましょう（1.2参照）．

2-1-1.html

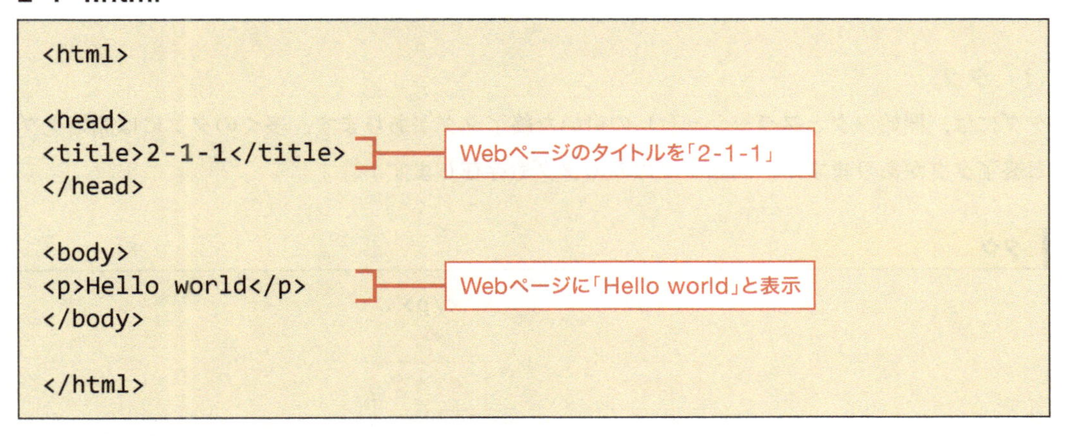

```
<html>

<head>
<title>2-1-1</title>
</head>

<body>
<p>Hello world</p>
</body>

</html>
```


作成したWebページを表示させてみましょう．Webブラウザは WindowsのInternet Explorerなどで表示させてみましょう（1.3参照）．

Webブラウザ表示

2-1-1

Hello world

タイトル「2-1-1」が表示される

2.1.2 タグ・要素・属性

HTML文書は，タグにより文書にさまざまな効果を与えます．

(1) タグ

タグには，開始タグとスラッシュ(/) の付いた終了タグがあります．多くのタグには開始タグと終了タグがありますが，開始タグのみのタグも存在します．

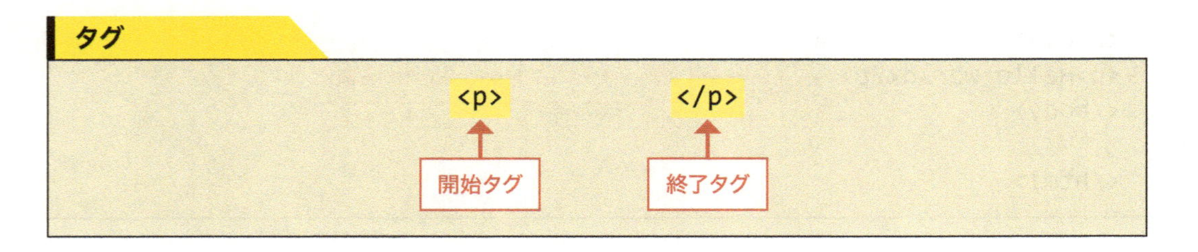

(2) 要素

開始タグから終了タグまでを要素といいます．つまり，タグは要素の開始と終了も表しています．

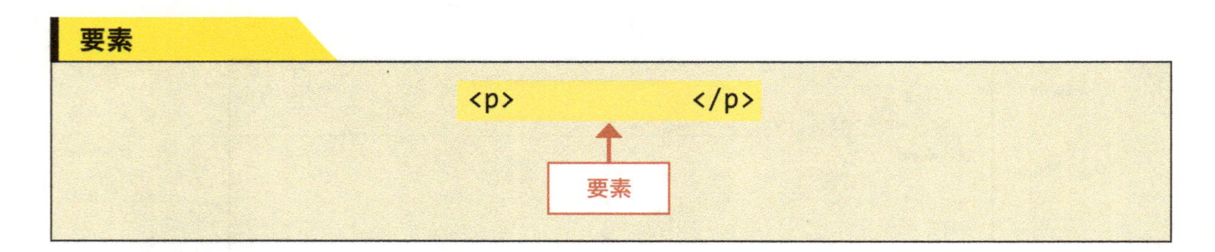

要素は，要素の中に別の要素を入れた入れ子構造にすることもできます．この例では，p要素の内側にi要素が挿入されています．

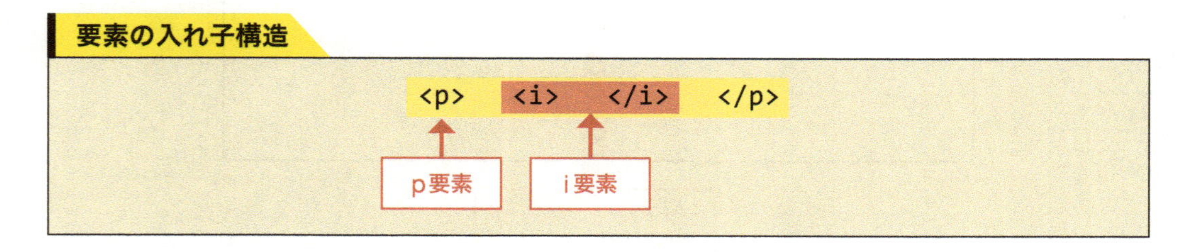

(3) 属性

タグには要素名の後に属性を定義するものもあります．属性は「属性名＝属性値」で記述します．

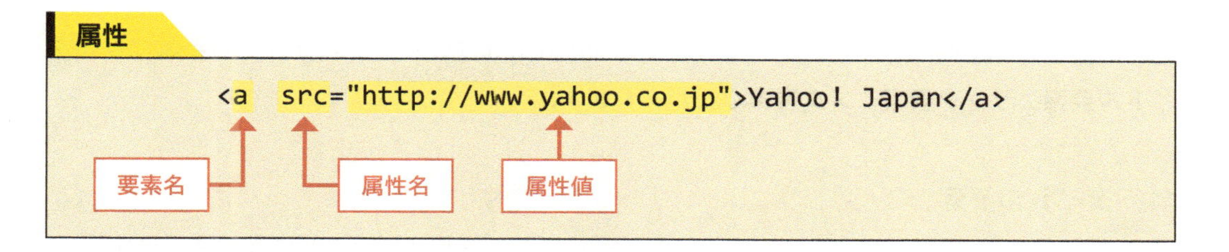

2-1-2.htmlを作成し，Webブラウザで表示させてみましょう．

2-1-2.html

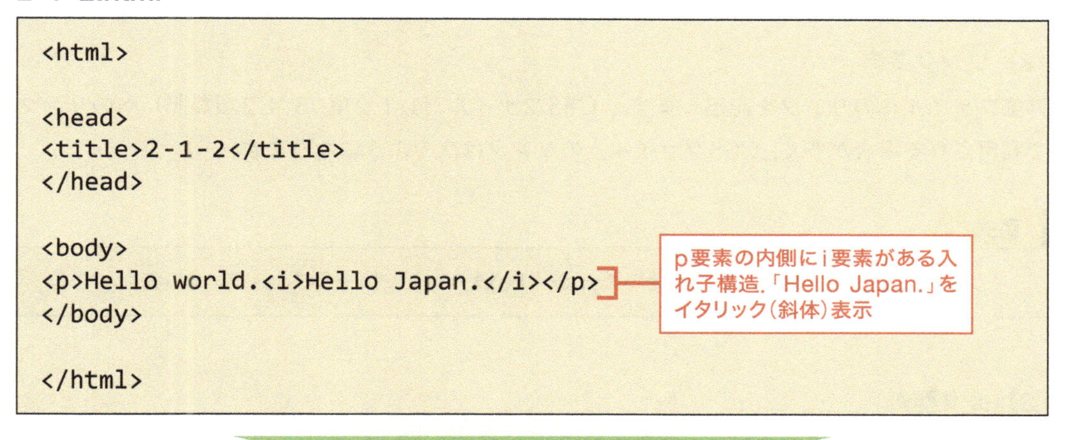

```
<html>

<head>
<title>2-1-2</title>
</head>

<body>
<p>Hello world.<i>Hello Japan.</i></p>
</body>

</html>
```


Webブラウザ表示

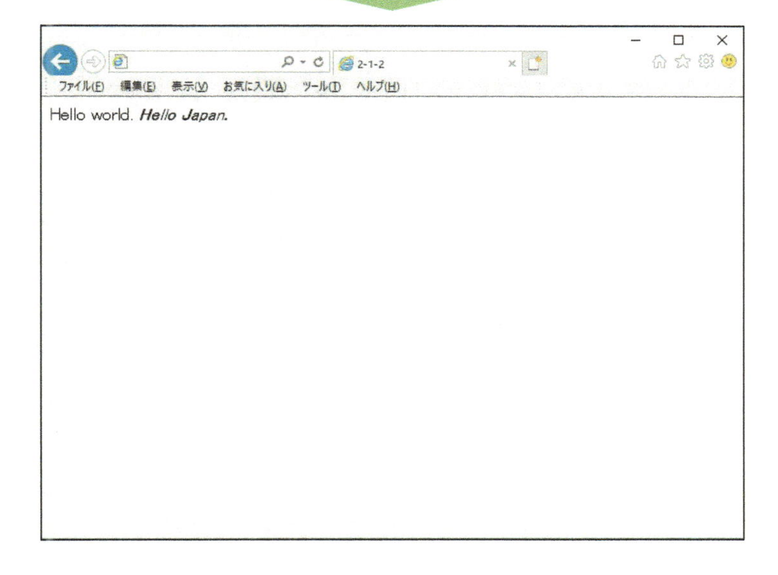

2.1.3 ヘッダ

ヘッダには，Webページのタイトルや作者などを記述します．ヘッダに記述する要素には，タイトル要素，リンク要素，メタ要素などがあります．

(1) タイトル要素

Webページのタイトルを記述します． Webページのタイトルはブラウザに表示されます．

書式

```
<title>タイトル</title>
```

(2) リンク要素

外部ファイルへのリンクを記述します． CSSファイル（1.1.2項，3.4.2項参照）へのリンクで利用される場合が多く，CSSファイルへのリンクは次のようになります．

書式

```
<meta rel="stylesheet" type="text/css" href="cssファイル名">
```

(3) メタ要素

タイトル要素やリンク要素以外の要素を記述します．

①**文字コード**：文字コードを指定しておくと，文字化けを防ぐことができます．使用できる文字コードには，「Shift_JIS」「UTF-8」「EUC-JP」などがあります．

書式

```
<meta http-equiv="Content-Type" content="text/html"; charset="文字コード名">
```

②**作者**：著作権情報として，作者の氏名を記述します．作者はカンマ（,）で区切ることにより，複数登録することができます．

書式

```
<meta name="author" content="作者名">
```

③**キーワード**：キーワードを記述しておくと，検索エンジンで検索されやすくなります．キーワードはカンマ（,）で区切ることにより，複数記述することができます．

書式

```
<meta name="keywords" content="キーワード">
```

2-1-3.htmlを作成し，Webブラウザで表示させてみましょう．

2-1-3.html

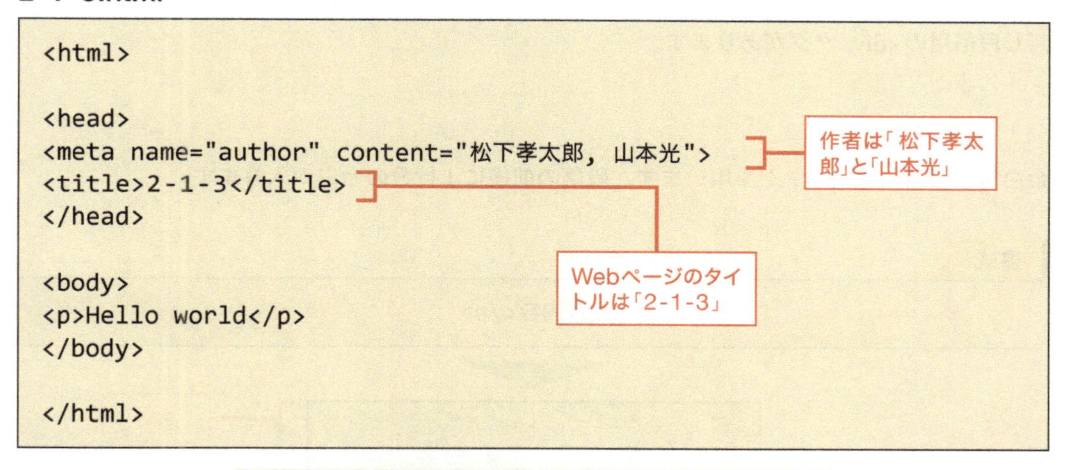

```
<html>

<head>
<meta name="author" content="松下孝太郎, 山本光">
<title>2-1-3</title>
</head>

<body>
<p>Hello world</p>
</body>

</html>
```


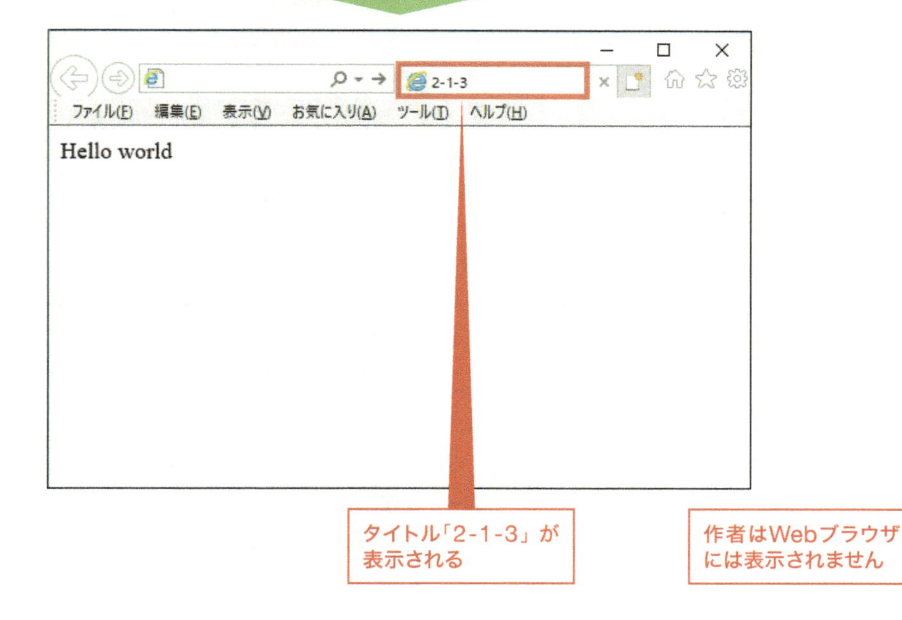

2.2 文書

HTML文書には，段落や見出しなどを付けます．
段落や見出しを付けるとWebページが見やすくなります．

2.2.1 段落

HTML 文書の段落には段落タグを用います．段落タグには余白付き段落用の <p> タグと余白無し段落用の <div> タグがあります．

（1）余白付き段落

余白付き段落には <p> タグを用います．段落の前後に 1 行分の余白が入ります．

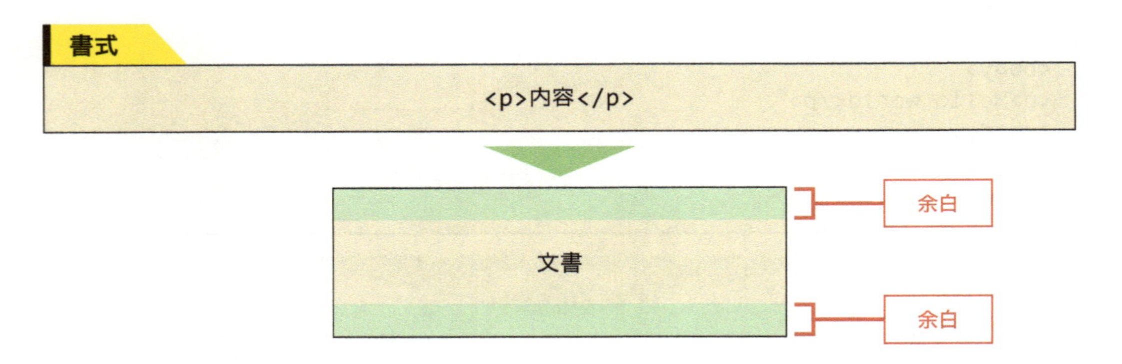

（2）余白無し段落

余白無し段落には <div> タグを用います．段落の前後には余白は入りません．

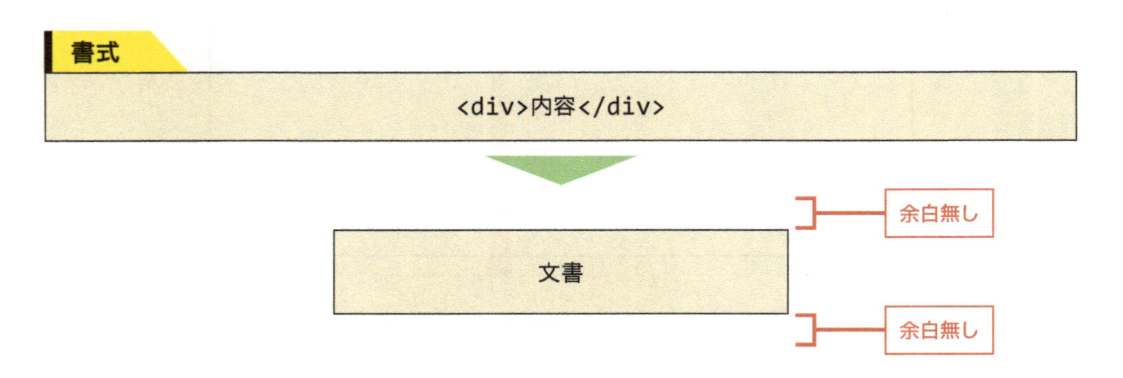

2-2-1.htmlを作成し，Webブラウザで表示させてみましょう．

2-2-1.html

```
<html>

<head>
<title>2-2-1</title>
</head>

<body>
<p>Japan</p>
<p>Japan</p>
<p>Japan</p>
<p>Japan</p>
<p>Japan</p>

<div>Japan</div>
<div>Japan</div>
<div>Japan</div>
<div>Japan</div>
<div>Japan</div>
</body>

</html>
```

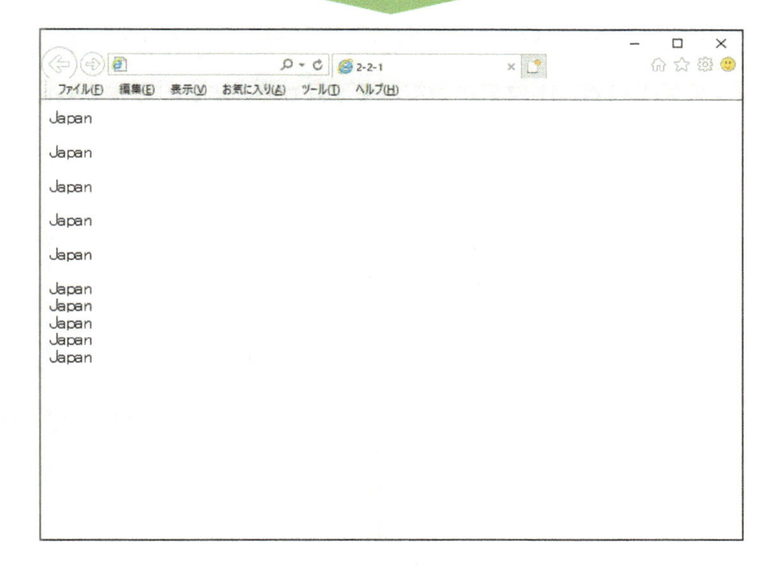

2.2.2 改行と整形済みテキスト

(1) 改行

HTML文書に改行を入れても，Webブラウザでの表示には反映されません．Webブラウザに改行を反映させるには，
タグを用います．

書式

```
<br>
```

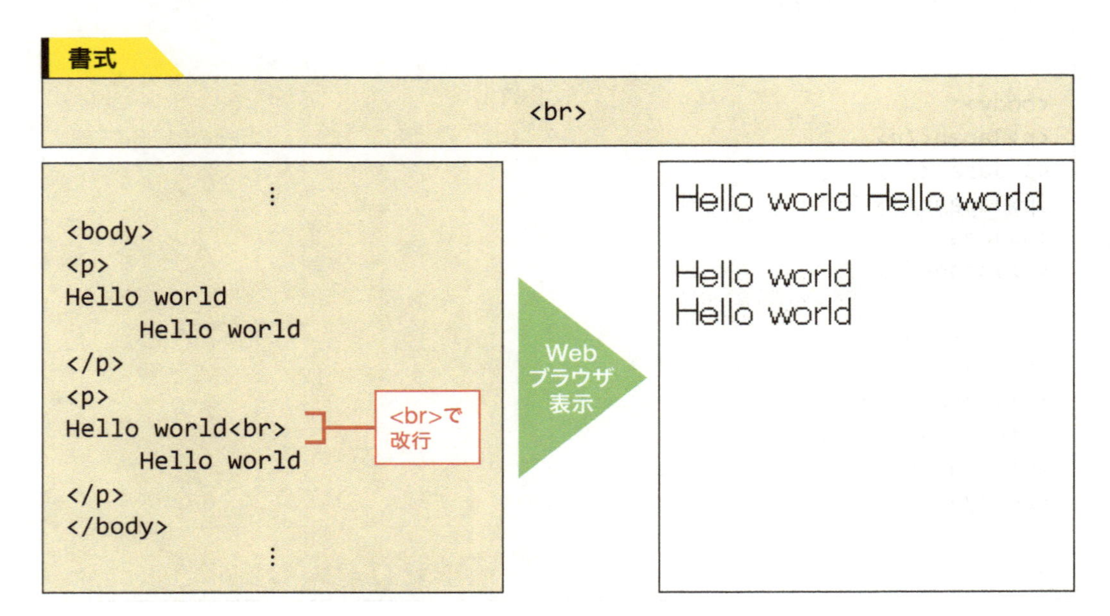

(2) 整形済みテキスト

HTML文書をそのままの形式（見た目）でWebブラウザに表示させたい場合，<pre>タグを用います．<pre>タグは，HTML文書中の空白や改行もそのままの形式でWebブラウザに表示させます．

書式

```
<pre>内容</pre>
```

2-2-2.htmlを作成し，Webブラウザで表示させてみましょう．

2-2-2.html

```
<html>

<head>
<title>2-2-2</title>
</head>

<body>
<p>
Tokyo
        Tokyo
                Tokyo
</p>
<p>
Tokyo<br>
        Tokyo<br>
                Tokyo<br>
</p>
<pre>
Tokyo
        Tokyo
                Tokyo
</pre>
</body>

</html>
```


で各行を改行

Webブラウザ表示

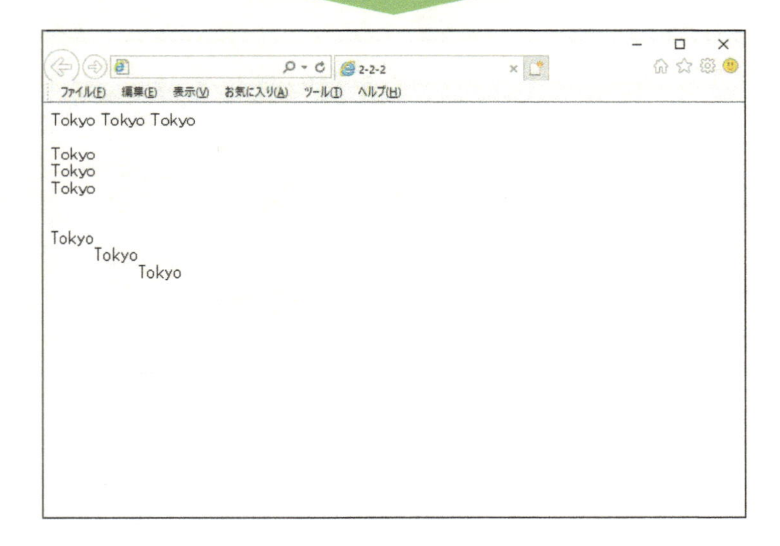

2.2.3 見出し

HTML文書の見出しには，<hサイズ>タグを用います．サイズには1から6の数値が入ります．<h1>が最上位の見出しで最も大きな文字サイズで表示され，下位の見出しになるに従い，見出しの文字サイズが小さく表示されます．

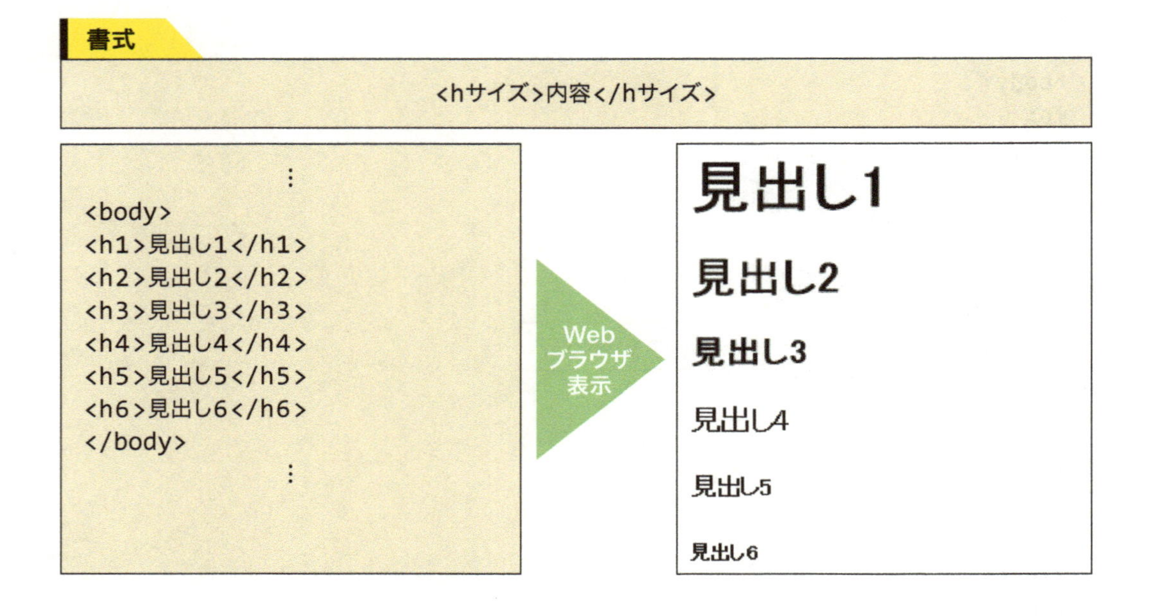

見出しは階層構造にすることもできます．階層構造を使うと文書が見やすくなります．

2-2-3.htmlを作成し，Webブラウザで表示させてみましょう．

2-2-3.html

```
<html>

<head>
<title>2-2-3</title>
</head>

<body>
<h1>東京都</h1>
<h2>人口</h2>
<p>約1370万人</p>
<h2>都庁所在地</h2>
<p>新宿区</p>

<br>

<h1>神奈川県</h1>
<h2>人口</h2>
<p>約910万人</p>
<h2>県庁所在地</h2>
<p>横浜市</p>
</body>

</html>
```

Webブラウザ表示

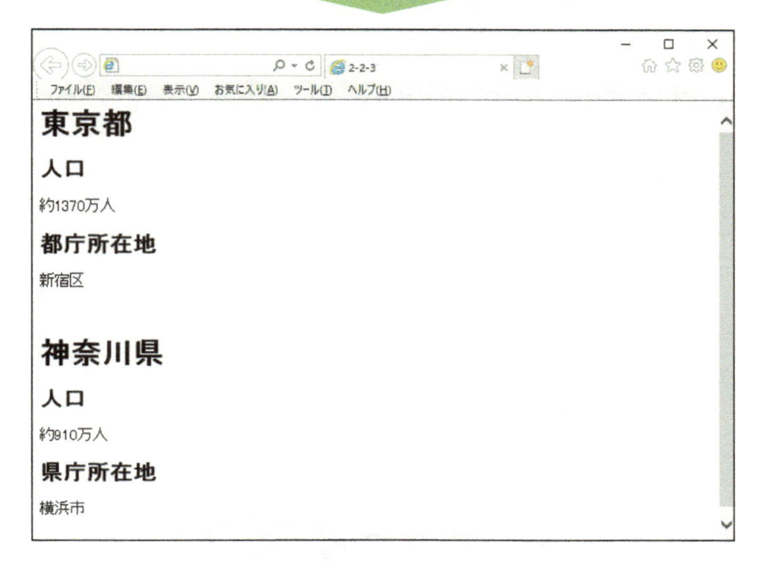

2.3 文字

Webページの内容には多くの場合に文字が含まれます.
文字は大きさや色を指定することができます.

2.3.1 文字の大きさ

文字の大きさは，<font>タグとsize属性により指定します．属性値には，サイズを指定します．サイズには1から7の数値が入ります．サイズは1が最も小さな文字，7が最も大きな文字になります．

書式

```
<font size="サイズ">内容</font>
```

```
                    ⋮
<body>
<p>
<font size="1">文字サイズ1</font><br>
<font size="2">文字サイズ2</font><br>
<font size="3">文字サイズ3</font><br>
<font size="4">文字サイズ4</font><br>
<font size="5">文字サイズ5</font><br>
<font size="6">文字サイズ6</font><br>
<font size="7">文字サイズ7</font><br>
</p>
</body>
                    ⋮
```

Webブラウザ表示

文字サイズ1
文字サイズ2
文字サイズ3
文字サイズ4
文字サイズ5
文字サイズ6
文字サイズ7

2-3-1.htmlを作成し，Webブラウザで表示させてみましょう．

2-3-1.html

```
<html>

<head>
<title>2-3-1</title>
</head>

<body>
<p>山手線の駅</p>
<p><font size="1">東京</font></p>
<p><font size="2">品川</font></p>
<p><font size="3">渋谷</font></p>
<p><font size="4">新宿</font></p>
<p><font size="5">池袋</font></p>
<p><font size="6">上野</font></p>
<p><font size="7">秋葉原</font></p>
</body>

</html>
```

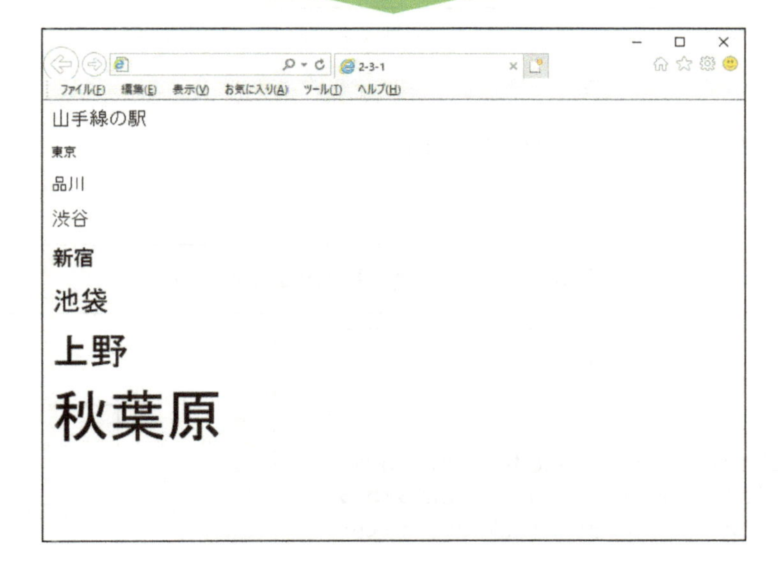

2.3.2 文字の色

文字の色は，<font>タグとcolor属性により指定します．文字の色は，色名による指定とRGBによる指定ができます．

（1）色名

color属性により指定します．属性値には色名を指定します．

書式

```
<font color="色名">内容</font>
```

```
        ⋮
<body>
<p>
<font color="red">Red</font><br>
<font color="aqua">Aqua</font><br>
<font color="black">Black</font><br>
</p>
</body>
        ⋮
```

Webブラウザ表示

Red
Aqua
Black

（2）RGB

color属性により指定します．属性値にはrgb値を指定します．

書式

```
<font color="rgb値">内容</font>
```

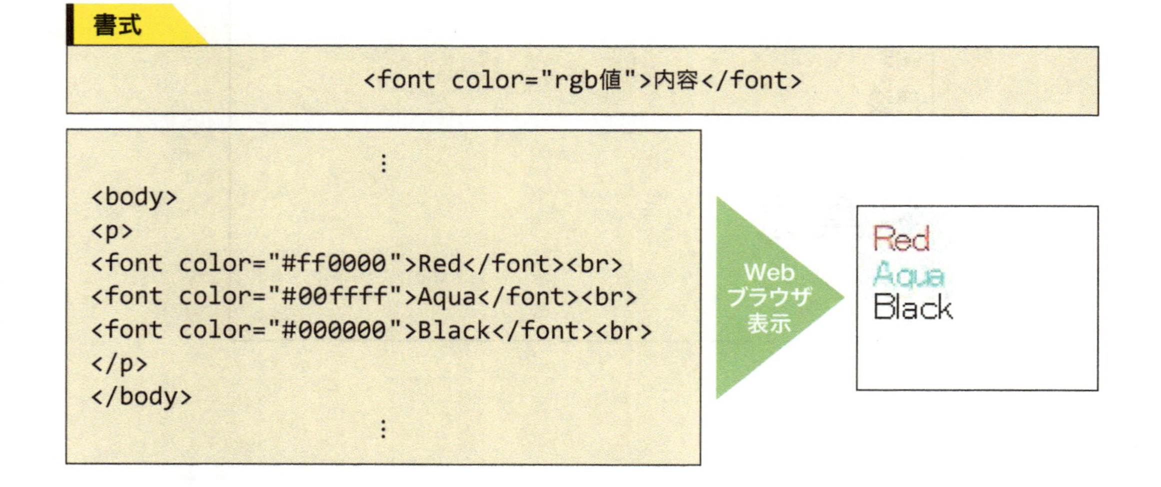

```
        ⋮
<body>
<p>
<font color="#ff0000">Red</font><br>
<font color="#00ffff">Aqua</font><br>
<font color="#000000">Black</font><br>
</p>
</body>
        ⋮
```

色名	rgb値
red	#ff0000
orange	#ffa500
yellow	#ffff00

色名	rgb値
lime	#00ff00
aqua	#00ffff
blue	#0000ff

色名	rgb値
purple	#800080
white	#ffffff
black	#000000

2-3-2.htmlを作成し，Webブラウザで表示させてみましょう．

2-3-2.html

```
<html>

<head><title>2-3-2</title></head>

<body>
<p>
<font color="red">Red</font>
<font color="orange">Orange</font>
<font color="yellow">Yellow</font>
<font color="lime">Lime</font>
<font color="aqua">Aqua</font>
<font color="blue">Blue</font>
<font color="purple">Purple</font>
</p>
<p>
<font color="#ff0000">Red</font>
<font color="#ffa500">Orange</font>
<font color="#ffff00">Yellow</font>
<font color="#00ff00">Lime</font>
<font color="#00ffff">Aqua</font>
<font color="#0000ff">Blue</font>
<font color="#800080">Purple</font>
</p>
</body>

</html>
```

Webブラウザ表示

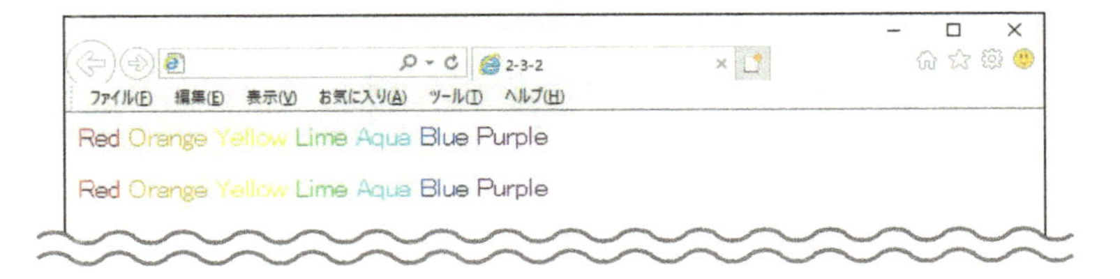

2.3.3 文字の位置

文字の位置は，タグとalign属性により指定します．中央揃えの場合は<center>タグによる指定もできます．

(1) 属性による指定

タグとalign属性により指定します． align属性が用いられるタグには，<p>タグ，<div>タグなどがあります．

属性値	位置
left	左寄せ
center	中央揃え
right	右寄せ

書式

```
<タグ align="位置">内容</タグ>
```

```
        ⋮
<body>
<p align="left">左寄せ</p>
<p align="center">中央揃え</p>
<p align="right">右寄せ</p>
</body>
        ⋮
```

Web ブラウザ 表示

左寄せ
中央揃え
右寄せ

(2) タグによる指定

中央揃えの場合は<center>タグによる指定ができます．

書式

```
<center>内容</center>
```

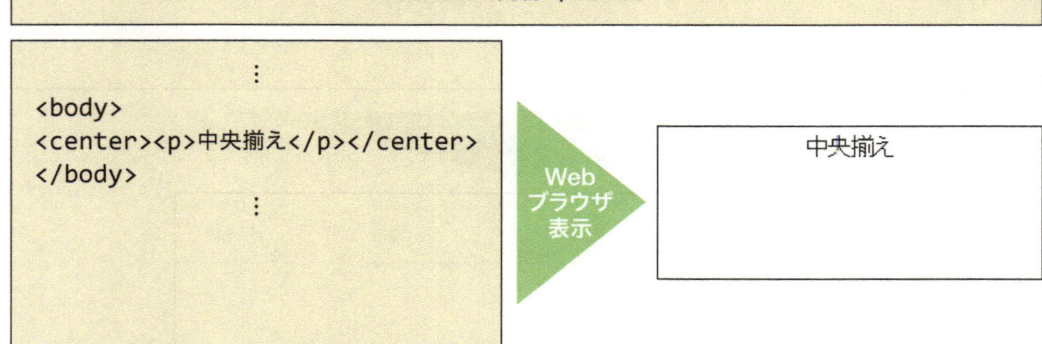

2-3-3.htmlを作成し，Webブラウザで表示させてみましょう．

2-3-3.html

```
<html>

<head>
<title>2-3-3</title>
</head>

<body>
<p align="left">東京</p>
<p align="center">神奈川</p>
<p align="right">千葉</p>

<div align="left">東京</div>
<div align="center">神奈川</div>
<div align="right">千葉</div>

<center>
<p>東京</p>
<p>神奈川</p>
<p>千葉</p>
</center>
</body>

</html>
```

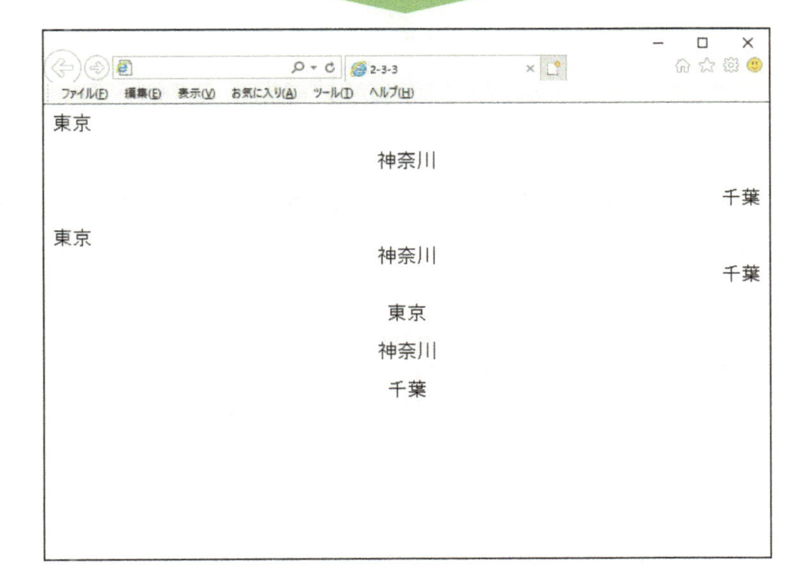

2.4 箇条書き

Webページに内容を列挙するときには箇条書きを用います．
箇条書きには番号付きリストと番号無しリストがあります．

2.4.1 番号付きリスト

番号付きリストは，<ol> タグと <li> タグにより指定します．

書式

```
<ol>
<li>内容</li>
<li>内容</li>
      ⋮
</ol>
```

```
      ⋮
<body>
<ol>
<li>リスト1</li>
<li>リスト2</li>
<li>リスト3</li>
</ol>
</body>
      ⋮
```

Web ブラウザ 表示

1. リスト1
2. リスト2
3. リスト3

番号付きリストは，開始番号の指定もできます．開始番号指定のリストは，<ol> タグと start 属性により指定します．

```
<ol start="開始番号">
<li>内容</li>
<li>内容</li>
      ⋮
</ol>
```

2-4-1.htmlを作成し，Webブラウザで表示させてみましょう．

2-4-1.html

```
<html>

<head>
<title>2-4-1</title>
</head>

<body>
<ol>
<li>東京</li>
<li>有楽町</li>
<li>新橋</li>
<li>浜松町</li>
<li>田町</li>
</ol>

<ol start="15">
<li>新大久保</li>
<li>高田馬場</li>
<li>目白</li>
<li>池袋</li>
<li>大塚</li>
</ol>
</body>

</html>
```

Webブラウザ表示

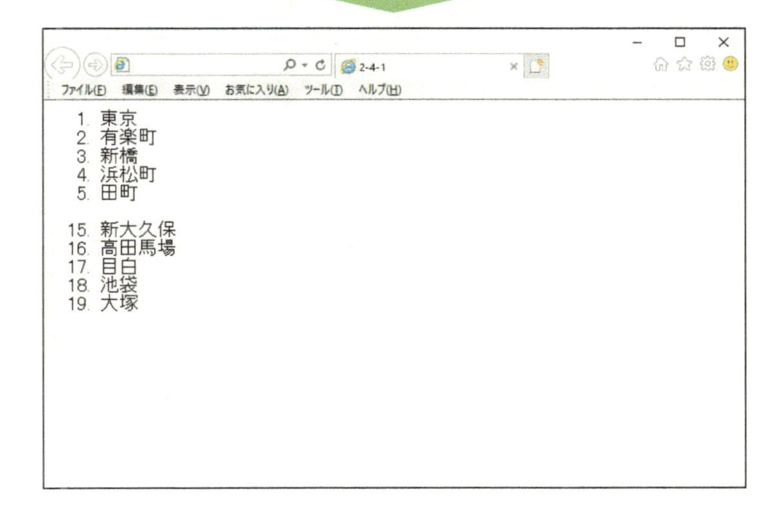

2.4.2 番号無しリスト

番号無しリストは，<ul> タグと <li> タグにより指定します．

書式

```
<ul>
<li>内容</li>
<li>内容</li>
      ⋮
</ul>
```

```
        ⋮
<body>
<ul>
<li>リスト1</li>
<li>リスト2</li>
<li>リスト3</li>
</ul>
</body>
        ⋮
```

Web
ブラウザ
表示

・リスト1
・リスト2
・リスト3

リストは，階層構造にすることもできます．

```
<ul>
<1i>大項目</li>
  <ul>
  <li>小項目</li>
  <li>小項目</li>
  </ul>
</ul>

<ul>
<1i>大項目</li>
  <ul>
  <li>小項目</li>
  <li>小項目</li>
  </ul>
</ul>
```

2-4-2.htmlを作成し，Webブラウザで表示させてみましょう．

2-4-2.html

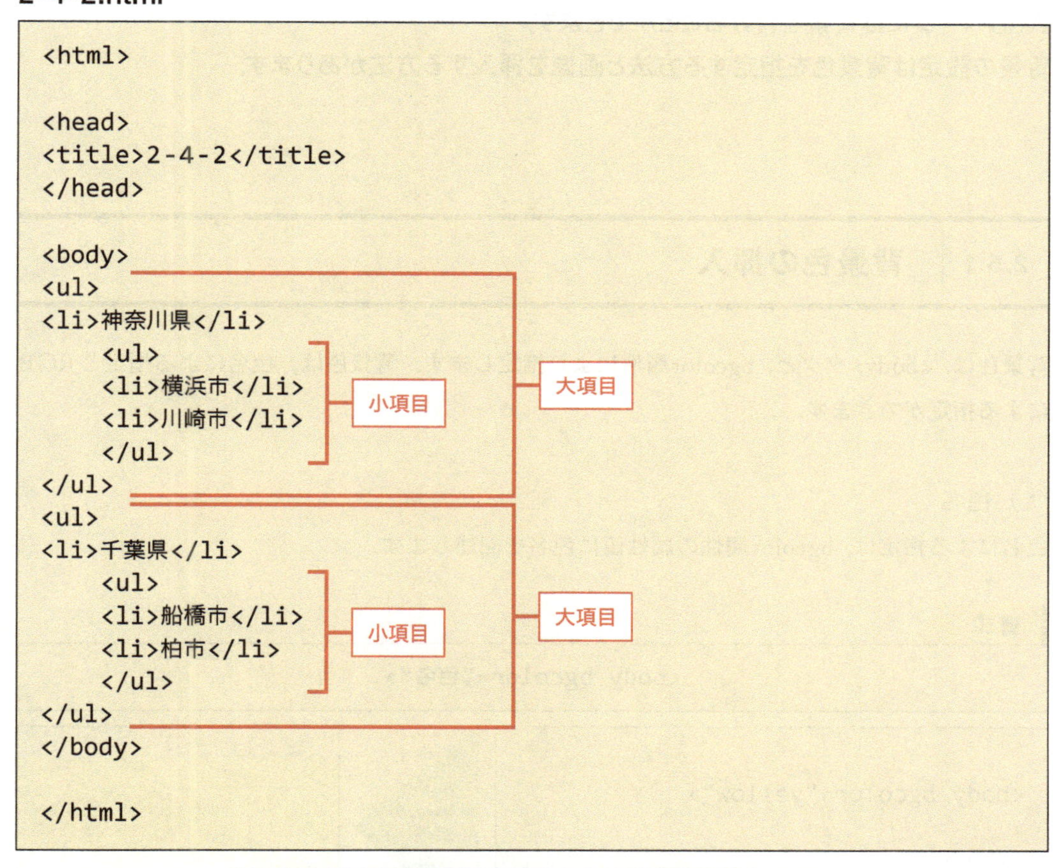

```
<html>

<head>
<title>2-4-2</title>
</head>

<body>
<ul>
<li>神奈川県</li>
    <ul>
    <li>横浜市</li>
    <li>川崎市</li>
    </ul>
</ul>
<ul>
<li>千葉県</li>
    <ul>
    <li>船橋市</li>
    <li>柏市</li>
    </ul>
</ul>
</body>

</html>
```


Webブラウザ表示

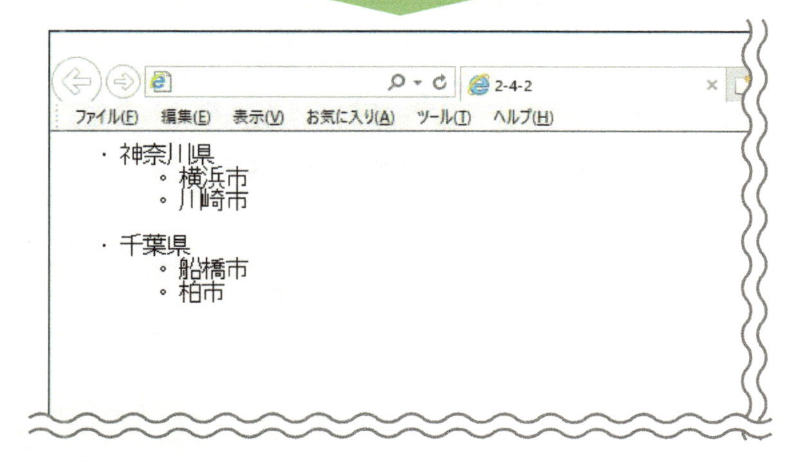

2.5 背景

Webページには背景を付けることができます.
背景の設定は背景色を指定する方法と画像を挿入する方法があります.

2.5.1 背景色の挿入

背景色は，<body>タグと，bgcolor属性により指定します．背景色は，色名による指定とRGBによる指定ができます．

(1) 色名

色名による指定は，bgcolor属性の属性値に色名を記述します．

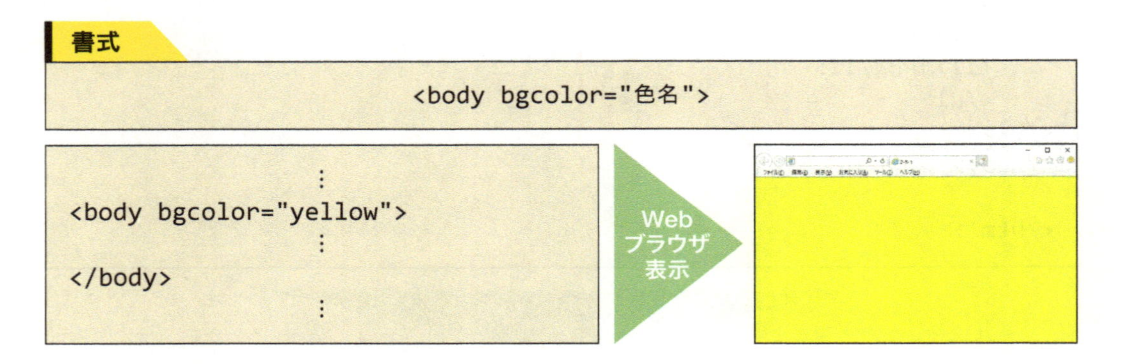

(2) RGB

RGBによる指定は，bgcolor属性の属性値にrgb値を記述します．

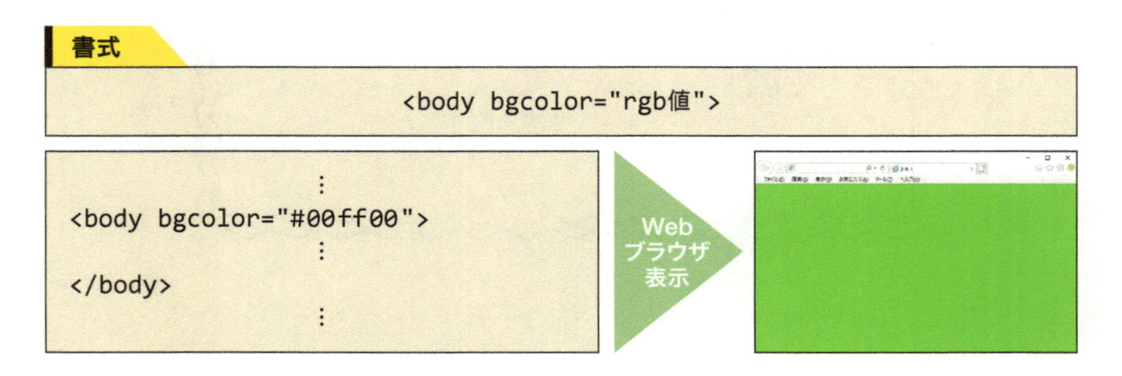

色名	rgb値
red	#ff0000
orange	#ffa500
yellow	#ffff00

色名	rgb値
lime	#00ff00
aqua	#00ffff
blue	#0000ff

色名	rgb値
purple	#800080
white	#ffffff
black	#000000

2-5-1.htmlを作成し，Webブラウザで表示させてみましょう．

2-5-1.html

```
<html>

<head>
<title>2-5-1</title>
</head>

<body bgcolor="aqua">
</body>

</html>
```

Webブラウザ表示

2.5.2 背景画像の挿入

背景画像は，<body>タグとbackground属性により指定します．属性値には，背景として挿入する画像のファイル名を指定します．

Webブラウザ表示

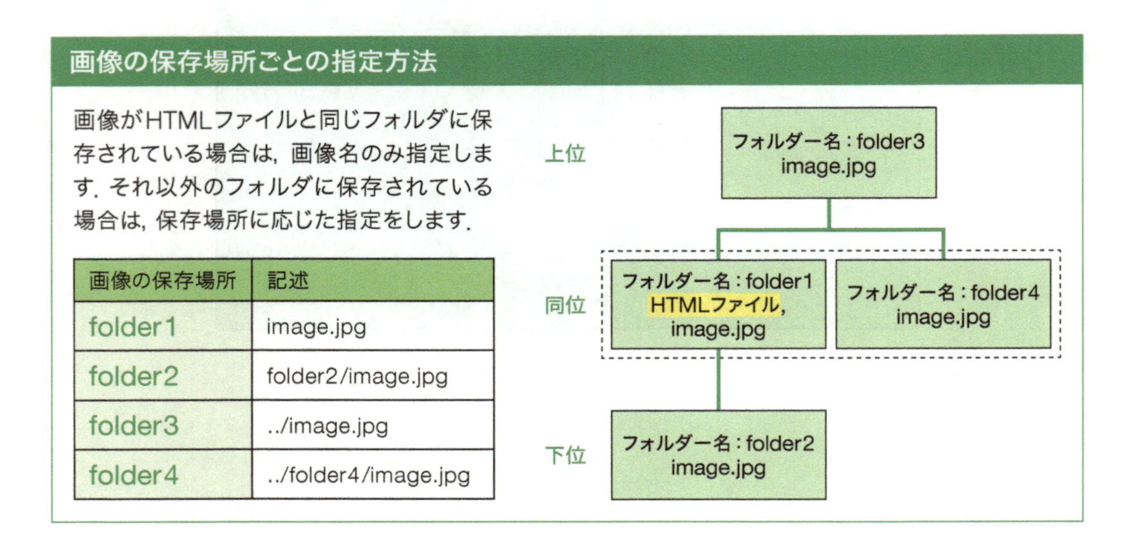

画像の保存場所ごとの指定方法

画像がHTMLファイルと同じフォルダに保存されている場合は，画像名のみ指定します．それ以外のフォルダに保存されている場合は，保存場所に応じた指定をします．

画像の保存場所	記述
folder1	image.jpg
folder2	folder2/image.jpg
folder3	../image.jpg
folder4	../folder4/image.jpg

2-5-2.htmlを作成し，Webブラウザで表示させてみましょう．

2-5-2.html

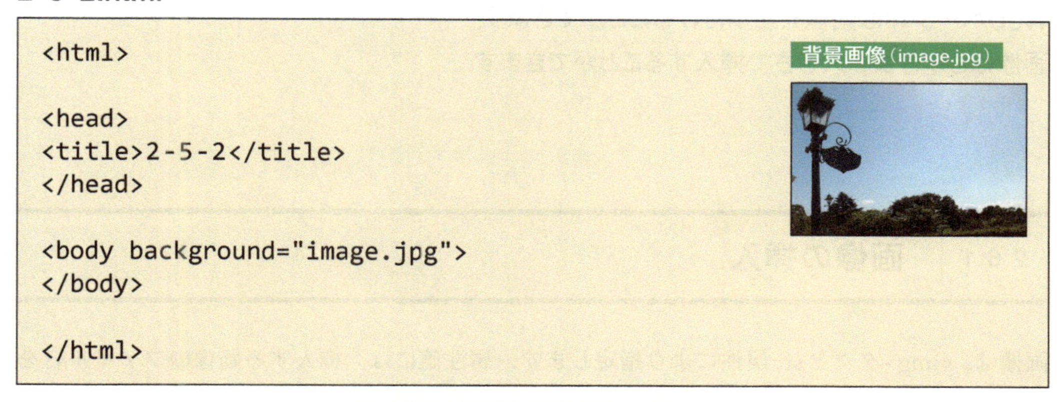

```
<html>

<head>
<title>2-5-2</title>
</head>

<body background="image.jpg">
</body>

</html>
```


Webブラウザ表示

Webブラウザの画面サイズの設定により，画像全体が表示しきれない場合があります．

2.6 画像

Webページには画像を貼り付けることができます.
画像はさまざまな大きさで挿入することができます.

2.6.1 画像の挿入

画像は, <img>タグとsrc属性により指定します. 属性値には, 挿入する画像のファイル名を指定します.

書式

```
<img src="画像ファイル名">
```

HTML文書

```
        ⋮
<body>
<img src="pic.jpg">
</body>
        ⋮
```

挿入画像（pic.jpg）

Webブラウザ表示

2-6-1.htmlを作成し，Webブラウザで表示させてみましょう．

2-6-1.html

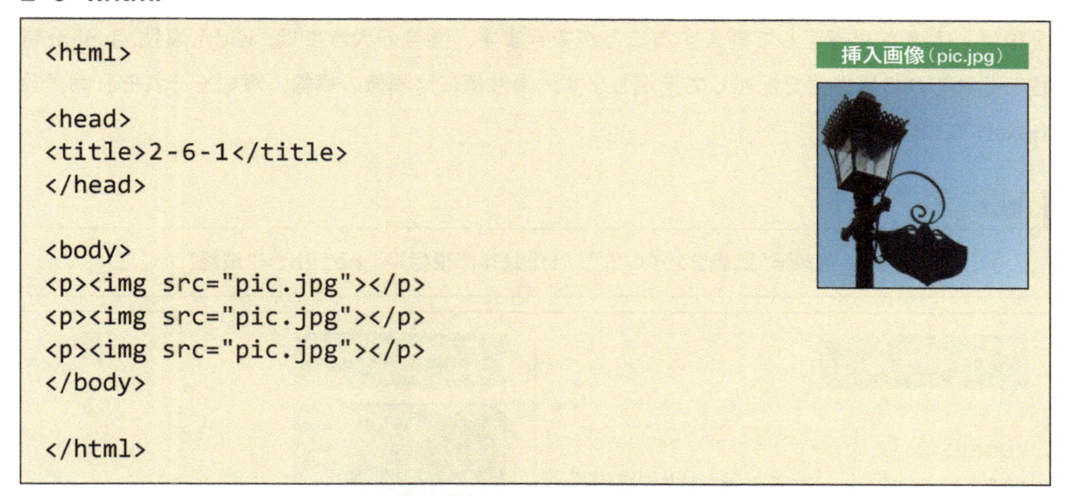

```
<html>

<head>
<title>2-6-1</title>
</head>

<body>
<p><img src="pic.jpg"></p>
<p><img src="pic.jpg"></p>
<p><img src="pic.jpg"></p>
</body>

</html>
```


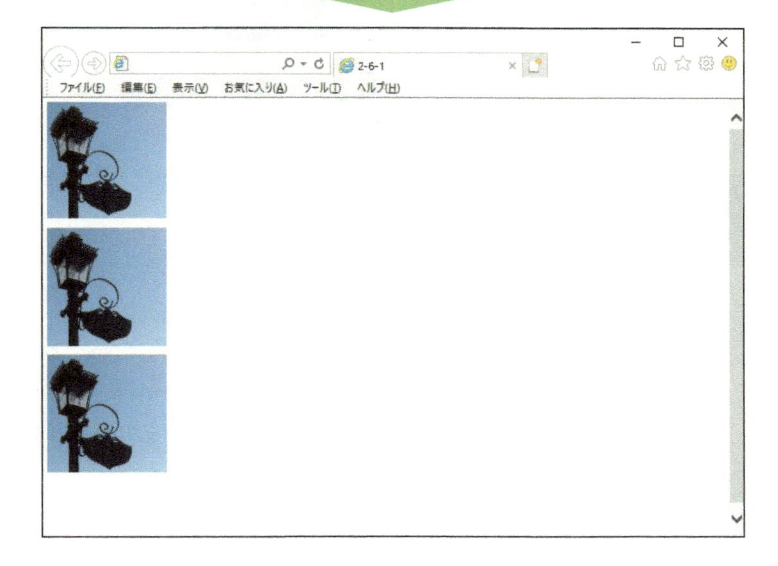

2.6.2　画像の設定

画像は，大きさを指定して挿入することができます．画像の大きさは，width属性，height属性とそれぞれの属性値を記述して指定します．属性値には画像の横幅，縦幅をそれぞれ画素数（pixel）で指定します．

書式

```
<img src="画像ファイル名" width="横幅" height="縦幅">
```

挿入画像は，50%（105pixel ×105pixel）で表示されます．

2-6-2.htmlを作成し，Webブラウザで表示させてみましょう．

2-6-2.html

```
<html>

<head>
<title>2-6-2</title>
</head>

<body>
<p><img src="pic.jpg" width="210" height="210"></p>
<p><img src="pic.jpg" width="100" height="100"></p>
<p><img src="pic.jpg" width="50" height="50"></p>
</body>

</html>
```

挿入画像（pic.jpg）
210pixel×210pixel

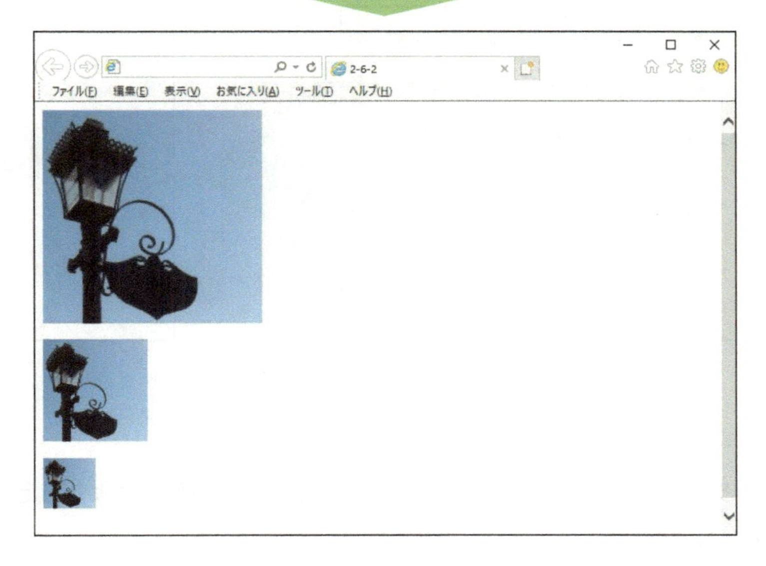

2.7 リンク

Webページにはリンクを設定することができます.
リンクには同一のWebページ内へのリンクと外部のWebページへのリンクがあります.

2.7.1 Webページ内へのリンク

Webページ内へのリンクは，任意の場所へのリンクとタグへのリンクがあります.

(1) Webページ内の任意の場所へのリンク

リンク元は<a>タグとhref属性，リンク先は<a>タグとname属性により指定します．それぞれの属性値には，アンカー名を指定します.

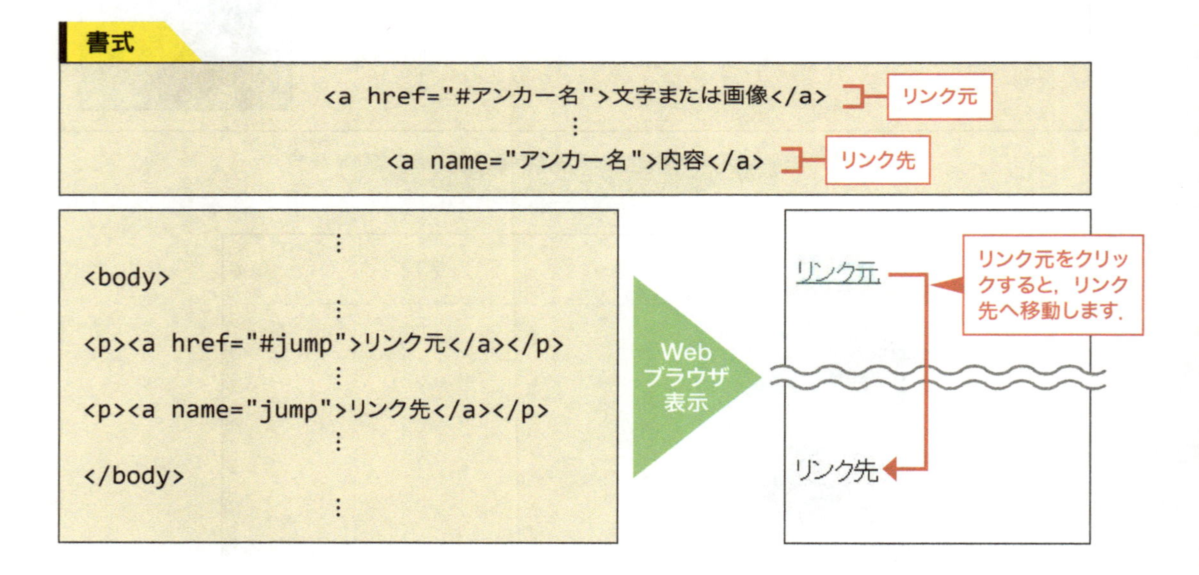

(2) Webページ内のタグへのリンク

リンク元は<a>タグとhref属性，リンク先は要素（要素名）とid属性により指定します．それぞれの属性値には，アンカー名を指定します.

書式

```
<a href="#アンカー名">文字または画像</a>
            ⋮
<要素名 id="アンカー名">内容</要素名>
```

2-7-1.htmlを作成し，Webブラウザで表示させてみましょう．

2-7-1.html

```
<html>

<head>
<title>2-7-1</title>
</head>

<body>
<p>目次</p>
<a href="#jump1">1章</a>
<a href="#jump2">2章</a>
<a href="#jump3">3章</a>
<a href="#jump4">4章</a>
<a href="#jump5">5章</a>
<br>
<br>
<br>
<br>
<br>
<br>
<br>
<h3 id="jump1">1章</h3>
<h3 id="jump2">2章</h3>
<h3 id="jump3">3章</h3>
<h3 id="jump4">4章</h3>
<h3 id="jump5">5章</h3>
</body>

</html>
```

Webブラウザ表示

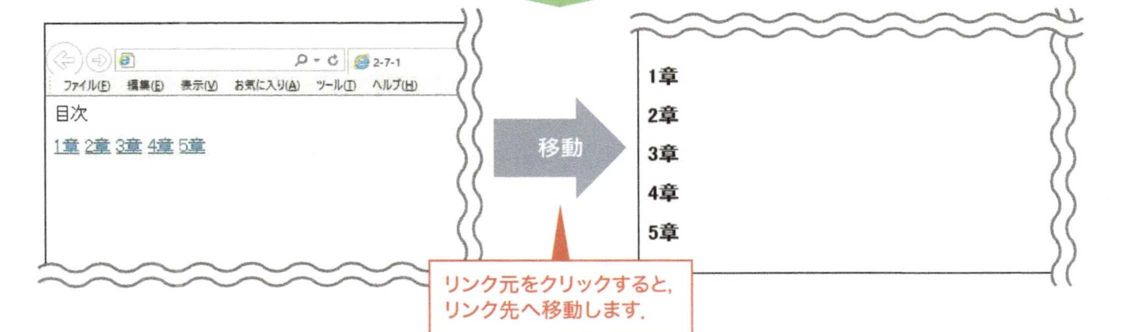

2.7.2 Webページ外へのリンク

Webページ外へのリンクは，<a>タグとhref属性により指定します．属性値には，リンク先のWebページのアドレス（URL：Uniform Resource Locator）を指定します．

書式

```
<a href="Webページのアドレス">内容</a>
```

```
⋮
<body>
<a href="http://www.yahoo.co.jp/">Yahoo! JAPAN</a>
</body>
⋮
```

Webブラウザ表示

タブの表示が変わる

Yahoo! JAPAN

移動

リンク先を新規のウィンドウ（タブ）で表示する場合は，target属性と_blank属性値を用います．

書式

```
<a href="Webページのアドレス" target="_blank">内容</a>
```

```
⋮
<body>
<a href="http://www.yahoo.co.jp/" target="_blank">Yahoo! JAPAN
</a>
</body>
⋮
```

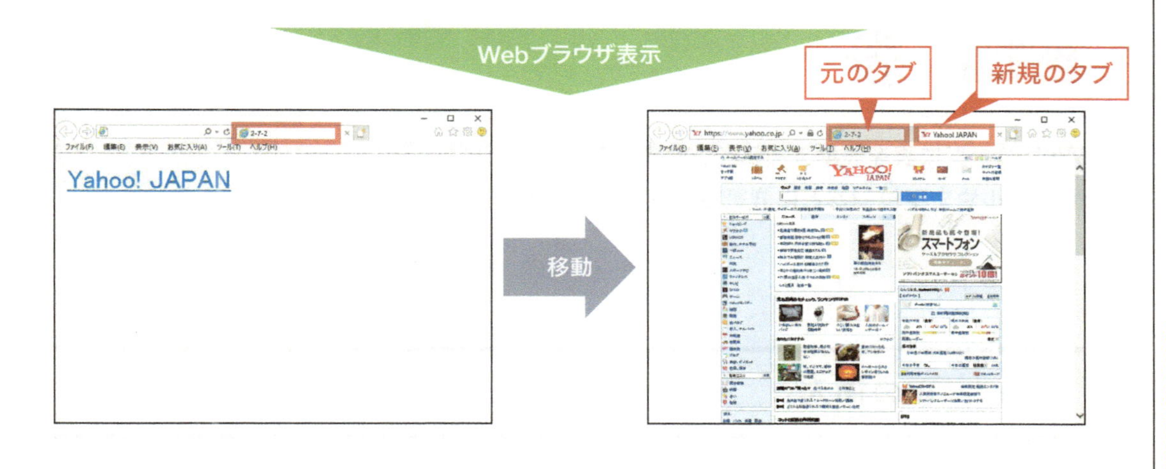

2-7-2.htmlを作成し，Webブラウザで表示させてみましょう．

2-7-2.html

```
<html>

<head>
<title>2-7-2</title>
</head>

<body>
<p><a href="http://www.yahoo.co.jp/">Yahoo! JAPAN</a></p>
<p><a href="https://www.google.co.jp/">Google</a></p>
</body>

</html>
```

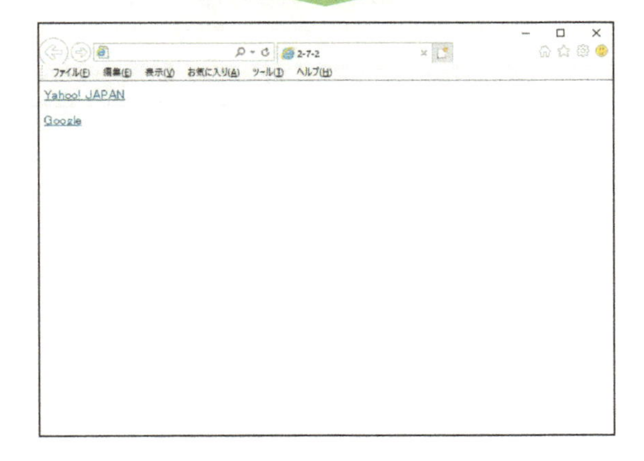

2.8 表

Webページに表を設置することができます．
表のセルや文字位置などに詳細な設定をすることもできます．

2.8.1 表の挿入

表は，<table>タグ，<tr>タグ，<td>タグにより指定します．<table>タグで表を宣言し，<tr>タグで横方向の表全体の領域を確保し，<td>タグでセルに区切ります．

書式

```
<table>
<tr><td>内容</td><td>内容</td>…</tr>
<tr><td>内容</td><td>内容</td>…</tr>
        ⋮
</table>
```

```
<table>
  <tr>
    <td>内容</td>  <td>内容</td>  <td>内容</td>
  </tr>
  <tr>
    <td>内容</td>  <td>内容</td>  <td>内容</td>
  </tr>
  <tr>
    <td>内容</td>  <td>内容</td>  <td>内容</td>
  </tr>
</table>
```

```
⋮
<body>
<table>
<tr><td>セル</td><td>セル</td></tr>
<tr><td>セル</td><td>セル</td></tr>
<tr><td>セル</td><td>セル</td></tr>
<tr><td>セル</td><td>セル</td></tr>
</table>
</body>
⋮
```

Webブラウザ表示

```
セル セル
セル セル
セル セル
セル セル
```

2-8-1.htmlを作成し，Webブラウザで表示させてみましょう．

2-8-1.html

```
<html>

<head>
<title>2-8-1</title>
</head>

<body>
<table>
<tr><td>あ</td><td>い</td><td>う</td><td>え</td><td>お</td></tr>
<tr><td>か</td><td>き</td><td>く</td><td>け</td><td>こ</td></tr>
<tr><td>さ</td><td>し</td><td>す</td><td>せ</td><td>そ</td></tr>
<tr><td>た</td><td>ち</td><td>つ</td><td>て</td><td>と</td></tr>
<tr><td>な</td><td>に</td><td>ぬ</td><td>ね</td><td>の</td></tr>
<tr><td>は</td><td>ひ</td><td>ふ</td><td>へ</td><td>ほ</td></tr>
<tr><td>ま</td><td>み</td><td>む</td><td>め</td><td>も</td></tr>
<tr><td>や</td><td>ー</td><td>ゆ</td><td>ー</td><td>よ</td></tr>
<tr><td>ら</td><td>り</td><td>る</td><td>れ</td><td>ろ</td></tr>
<tr><td>わ</td><td>ー</td><td>ー</td><td>ー</td><td>を</td></tr>
<tr><td>ん</td><td>ー</td><td>ー</td><td>ー</td><td>ー</td></tr>
</table>
</body>

</html>
```

Webブラウザ表示

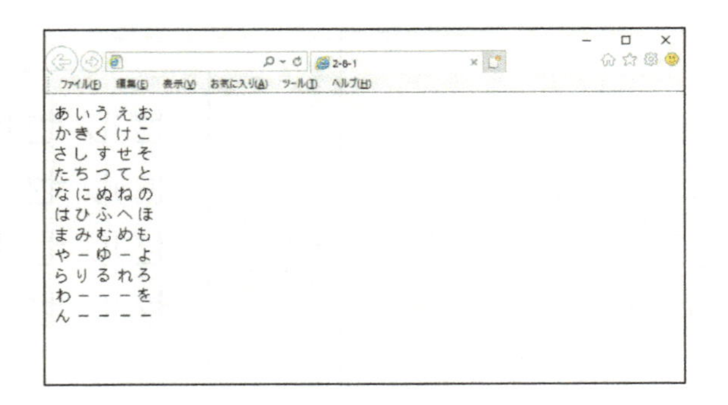

2.8.2 表とセルの設定

表は，表の罫線の太さ，セルのサイズ，セル内の文字位置を設定することができます．

(1) 表の罫線の太さ

border属性により指定します．属性値は，線の太さを画素数（pixel）で指定します．

書式

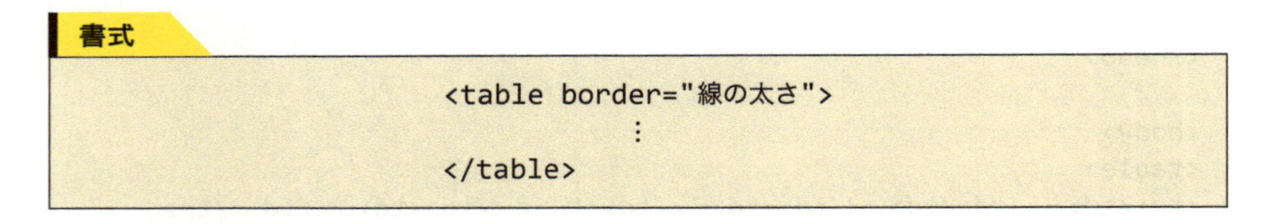

```
<table border="線の太さ">
        ⋮
</table>
```

(2) セルのサイズ

横方向はwidth属性，縦方向はheight属性により指定します．属性値は，それぞれ横幅，縦幅を画素数（pixel）または割合（%）で指定します．

書式

```
<td width="横幅" height="縦幅"></td>
```

(3) セル内の文字位置

横方向はalign属性，縦方向はvalign属性により指定します．属性値は，それぞれの位置を指定します．

書式

```
<td align="横位置" valign="縦位置"></td>
```

横位置	属性値
左配置	left
中央配置	center
右配置	right

縦位置	属性値
上配置	top
中央配置	middle
下配置	bottom

2-8-2.htmlを作成し，Webブラウザで表示させてみましょう．

2-8-2.html

```
<html>

<head>
<title>2-8-2</title>
</head>

<body>
<table border="1">
<tr><td width="50" align="center">惑星</td><td width="80" align=
"center">半径</td></tr>
<tr><td width="50" align="center">水星</td><td width="80" align=
"center">2439km</td></tr>
<tr><td width="50" align="center">金星</td><td width="80" align=
"center">6052km</td></tr>
<tr><td width="50" align="center">地球</td><td width="80" align=
"center">6378km</td></tr>
<tr><td width="50" align="center">火星</td><td width="80" align=
"center">3397km</td></tr>
<tr><td width="50" align="center">木星</td><td width="80" align=
"center">71398km</td></tr>
<tr><td width="50" align="center">土星</td><td width="80" align=
"center">60000km</td></tr>
</table>
</body>

</html>
```

Webブラウザ表示

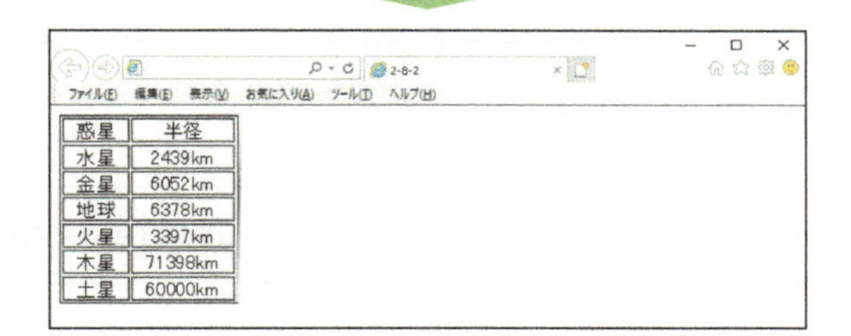
惑星	半径
水星	2439km
金星	6052km
地球	6378km
火星	3397km
木星	71398km
土星	60000km

2.9 音声・映像

Webページで音声や映像を再生することができます．
これらを設定することにより，マルチメディア対応の楽しいWebページが作成できます．

2.9.1 音声の挿入

音声は，<audio>タグとsrc属性値で指定します．属性値には音声ファイル名を指定します．また controls属性により，コントローラが表示されます．

書式

```
<audio src="音声ファイル名" controls></audio>
```

```
                    ⋮
<body>
<audio src="music.mp3" controls></audio>
</body>
                    ⋮
```

Webブラウザ表示

Webブラウザを起動すると同時に自動再生する場合は，autoplay属性を用います．

書式

```
<audio src="音声ファイル名" controls autoplay></audio>
```

2-9-1.htmlを作成し，Webブラウザで表示させてみましょう．

2-9-1.html

```
</html>

<head>
<title>2-9-1</title>
</head>

<body>
<audio src="music.mp3" controls autoplay></audio>
</body>

</html>
```

Webブラウザ表示

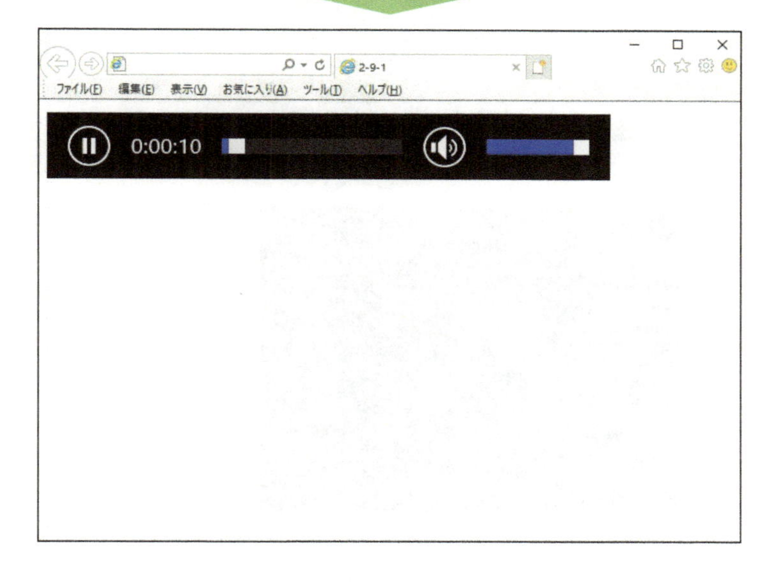

2.9.2 映像の挿入

映像は，<video>タグ，<source>タグとsrc属性値で指定します．属性値には映像ファイル名を指定します．またcontrols属性により，コントローラが表示されます．

書式

```
<video controls>
<source src="映像ファイル名">
</video>
```

```
                    ⋮
<body>
<video controls>
<source src="audio.mp4">
</video>
</body>
                    ⋮
```

Webブラウザ表示

一時停止の際に画像を表示する場合は，poster属性を用います．属性値には，画像ファイル名を指定します．画像のサイズはwidth属性とheight属性により指定できます．

書式

```
<video controls autoplay poster="画像ファイル名" width="横幅" height="縦幅
">
<source src="映像ファイル名">
</video>
```

2-9-2.htmlを作成し，Webブラウザで表示させてみましょう．

2-9-2.html

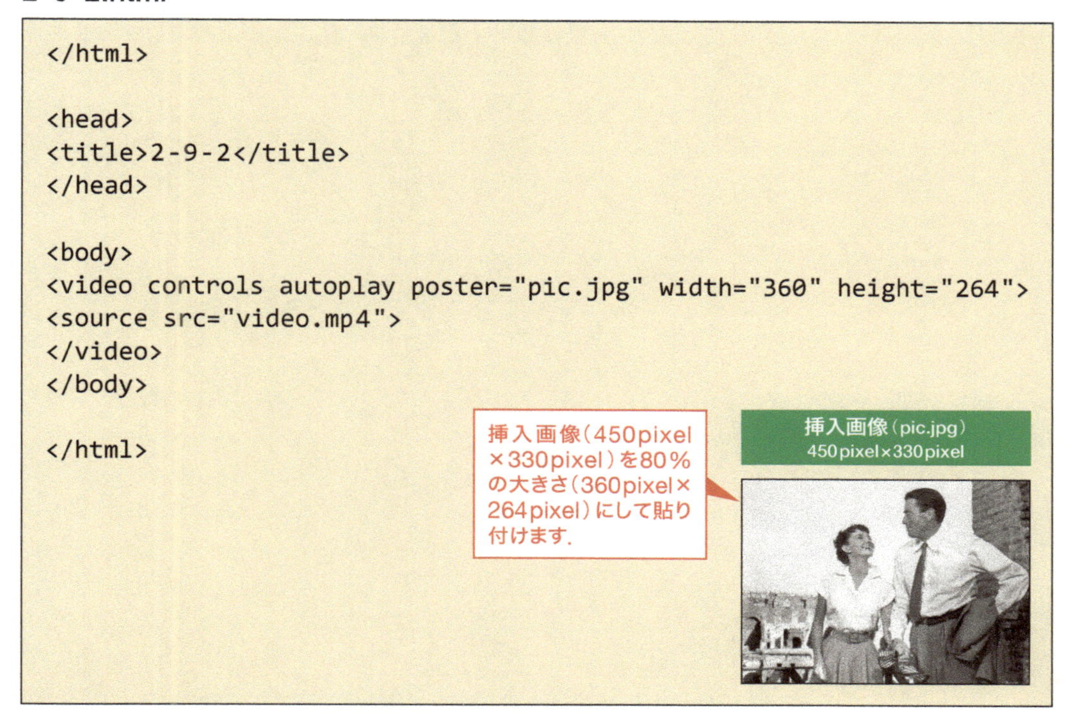

```
</html>

<head>
<title>2-9-2</title>
</head>

<body>
<video controls autoplay poster="pic.jpg" width="360" height="264">
<source src="video.mp4">
</video>
</body>

</html>
```


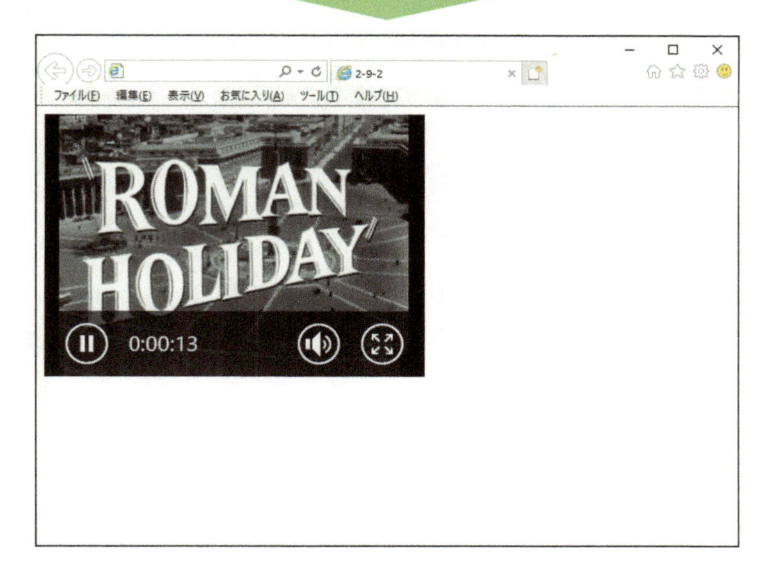

CSS

3.1 CSSの概要

CSS（Cascading Style Sheets）は，Webページのデザイン（スタイル）を定義します．HTML文書にCSSで定義したスタイルを読み込んで，Webページに反映させます．

3.1.1 CSSの記述位置

CSSは，HTML文書の<head>～</head>の間に記述します．

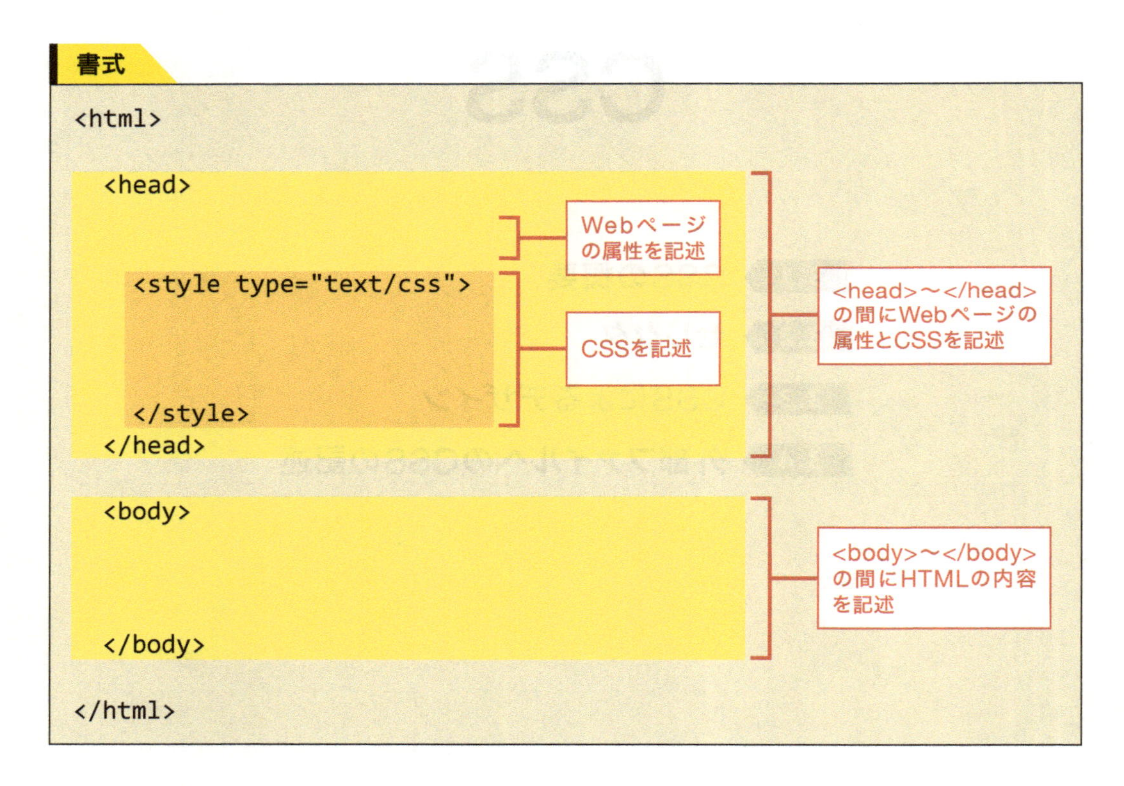

また，CSSを別ファイルにし，HTML文書に読み込む方法もあります（3.4参照）．

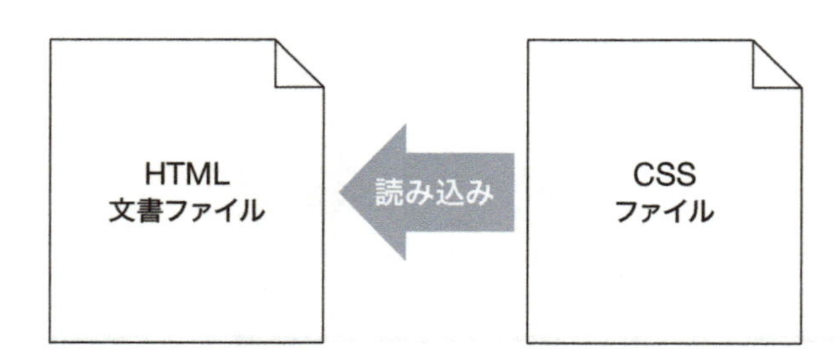

CSSを記述した簡単なWebページを作成してみましょう．Webページは Windowsのメモ帳などで作成しましょう（1.2参照）．次の例は文字の色をCSSで定義し，HTMLに適用させています．

3-1-1.html

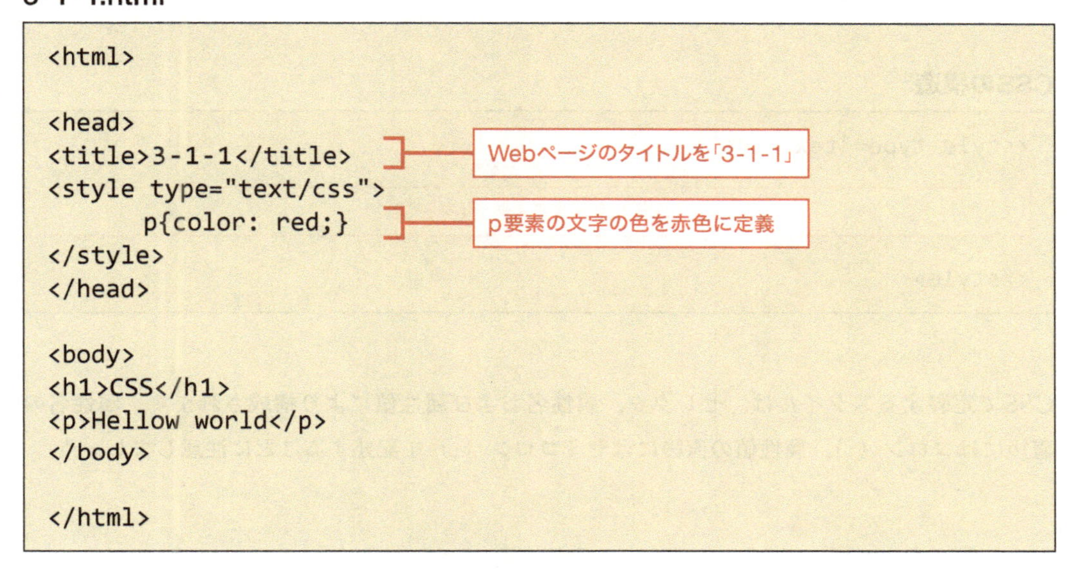

```
<html>

<head>
<title>3-1-1</title>
<style type="text/css">
      p{color: red;}
</style>
</head>

<body>
<h1>CSS</h1>
<p>Hellow world</p>
</body>

</html>
```


作成したCSSを含むWebページを表示させてみましょう．WebブラウザとしてWindowsのInternet Explorerなどを使って表示させてみましょう（1.2参照）．

Webブラウザ表示

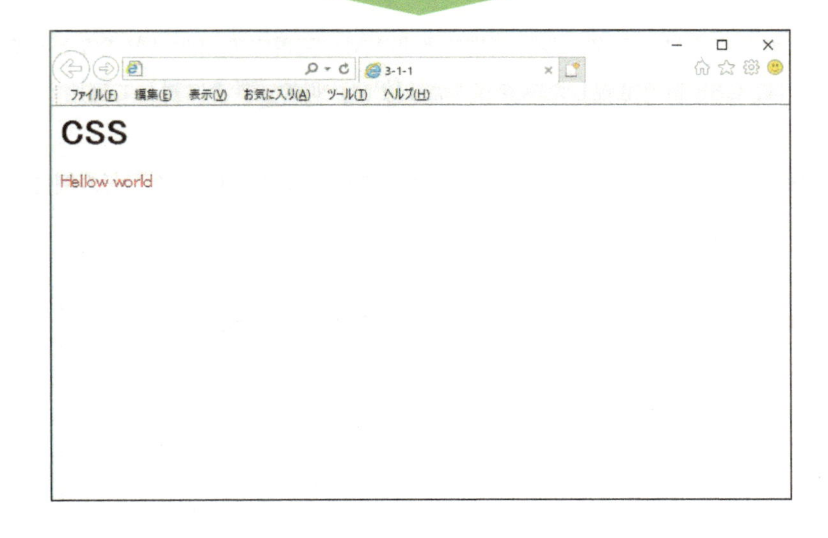

3.1.2 CSSの構造とCSSの構成要素

CSSは，次に示す構造をしています．CSSで定義するスタイルは，<style type="text/css"> ~ </style>の間に記述します．

CSSの構造

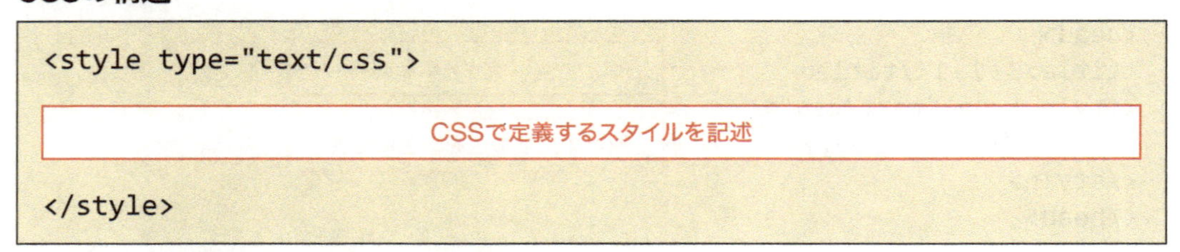

CSSで定義するスタイルは，セレクタ，属性名および属性値により構成されます．属性名の直後にはコロン（:），属性値の直後にはセミコロン（;）を記述することに注意しましょう．

CSSの構成要素

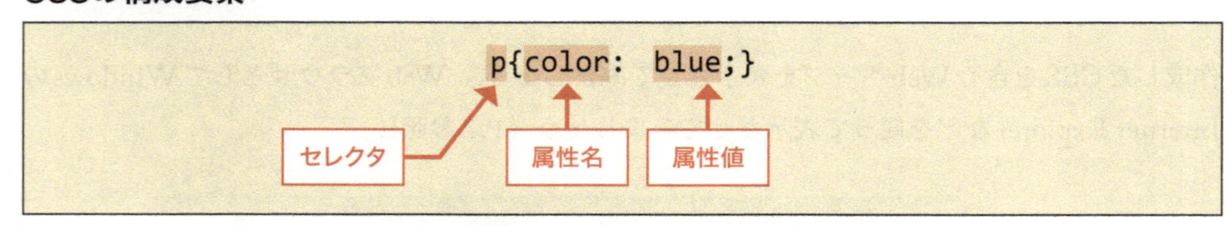

①**セレクタ**：セレクタは，スタイルを適用するHTML文書中の場所（要素など）を指定します．上の例では，CSS側で定義したスタイルがHTML側のp要素に対して適用されます．

②**属性名**：属性名は，色や大きさなど，スタイルを構成する項目です．上の例では，色をスタイルを構成する項目としています．

③**属性値**：属性値は，色や大きさなど，スタイルを構成する項目の状態です．上の例では，色を青色にしています．

3-1-2.htmlを作成し，Webブラウザで表示させてみましょう．

3-1-2.html

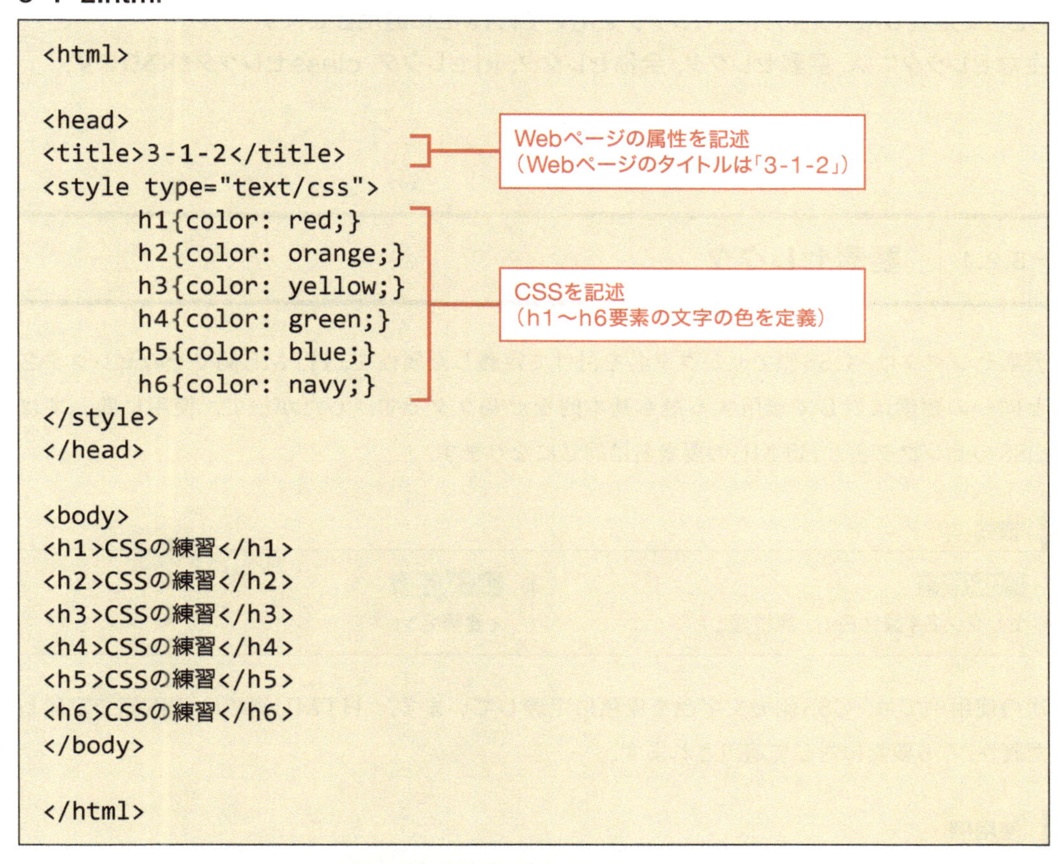

```
<html>

<head>
<title>3-1-2</title>
<style type="text/css">
        h1{color: red;}
        h2{color: orange;}
        h3{color: yellow;}
        h4{color: green;}
        h5{color: blue;}
        h6{color: navy;}
</style>
</head>

<body>
<h1>CSSの練習</h1>
<h2>CSSの練習</h2>
<h3>CSSの練習</h3>
<h4>CSSの練習</h4>
<h5>CSSの練習</h5>
<h6>CSSの練習</h6>
</body>

</html>
```


Webブラウザ表示

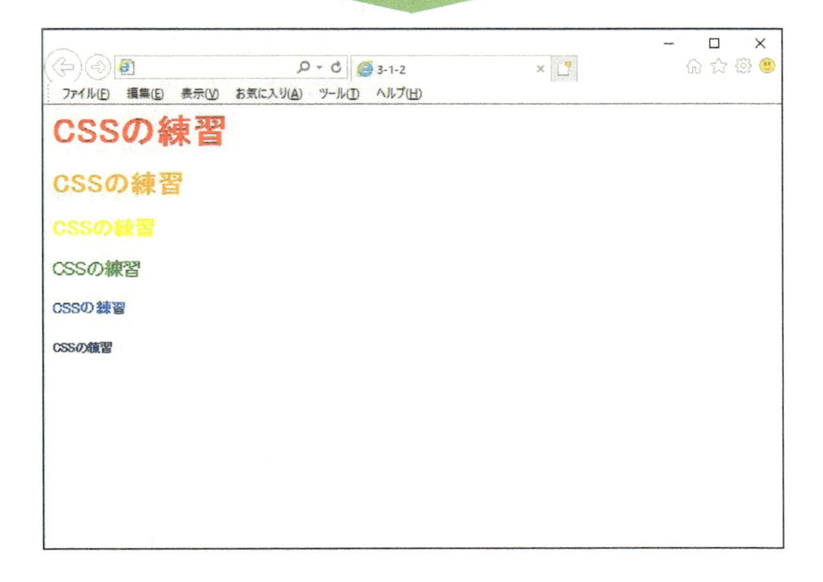

3.2 セレクタ

CSSで定義したスタイルは，セレクタを用いてHTMLに適用させます．
主なセレクタには，要素セレクタ，全称セレクタ，idセレクタ，classセレクタがあります．

3.2.1 要素セレクタ

要素セレクタは，CSS側でセレクタ名を付けて定義した属性を，HTML側でそのセレクタ名と同一の要素に対して適用する最も基本的なセレクタです．したがって，使用に際してはCSSのセレクタ名とHTMLの要素名は同じになります．

書式

CSS側

```
セレクタ名{属性名: 属性値;}
```

HTML側

```
<要素名>
```

次の使用例では，CSS側で文字色を赤色に定義しています． HTML側ではCSS側で定義した属性が，p要素に対して適用されます．

使用例

CSS側

```
p{
        color: red;
}
```

HTML側

```
<p>
    ⋮
</p>
```

要素セレクタは，一つの要素セレクタに複数の属性を定義することもできます．次の使用例では，CSS側で文字色を赤色，背景色をピンク色に定義しています． HTML側ではCSS側で定義した属性が，p要素に対して適用されます．

使用例

CSS側

```
p{
        color: red;
        background-color: pink;
}
```

HTML側

```
<p>
    ⋮
</p>
```

3-2-1.htmlを作成し，Webブラウザで表示させてみましょう．

3-2-1.html

```
<html>

<head>
<title>3-2-1</title>
<style type="text/css">
        h1{
                color: red;
                background-color: pink;
        }
        p{
                color: orange;
        }
</style>
</head>

<body>
<h1>-- 1 --</h1>
<p>ABC</p>
<p>DEF</p>
<h1>-- 2 --</h1>
<p>GHI</p>
<p>JKL</p>
</body>

</html>
```

Webブラウザ表示

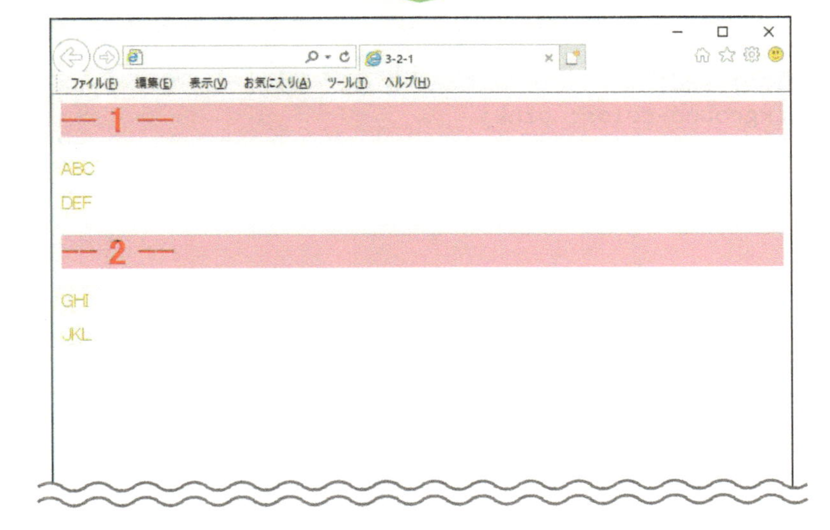

3.2.2 全称セレクタ

全称セレクタは，CSS側で全称セレクタを付けて定義した属性を，HTML側のすべての要素に対して適用するセレクタです．したがって，html，body要素にも全称セレクタで定義した属性が適用されます．CSS側での全称セレクタは，アスタリスク（*）で表記します．

書式

CSS側

```
*{属性名： 属性値;}
```

次の使用例では，CSS側で文字色を赤色に定義しています．HTML側ではCSS側で定義した属性を，すべての要素に対して適用しています．

使用例

CSS側

```
*{
        color: red;
}
```

全称セレクタは，一つの全称セレクタに複数の属性を定義することもできます．次の使用例では，CSS側で文字色を赤色，背景色をピンク色に定義しています．HTML側ではCSS側で定義した属性が，全要素に対して適用されます．

使用例

CSS側

```
*{
        color: red;
        background-color: pink;
}
```

3-2-2.htmlを作成し，Webブラウザで表示させてみましょう．

3-2-2.html

```
<html>

<head>
<title>3-2-2</title>
<style type="text/css">
	*{
		color: red;
		background-color: pink;
	}
</style>
</head>

<body>
<h1>-- 1 --</h1>
<p>ABC</p>
<p>DEF</p>
<h1>-- 2 --</h1>
<p>GHI</p>
<p>JKL</p>
</body>

</html>
```

Webブラウザ表示

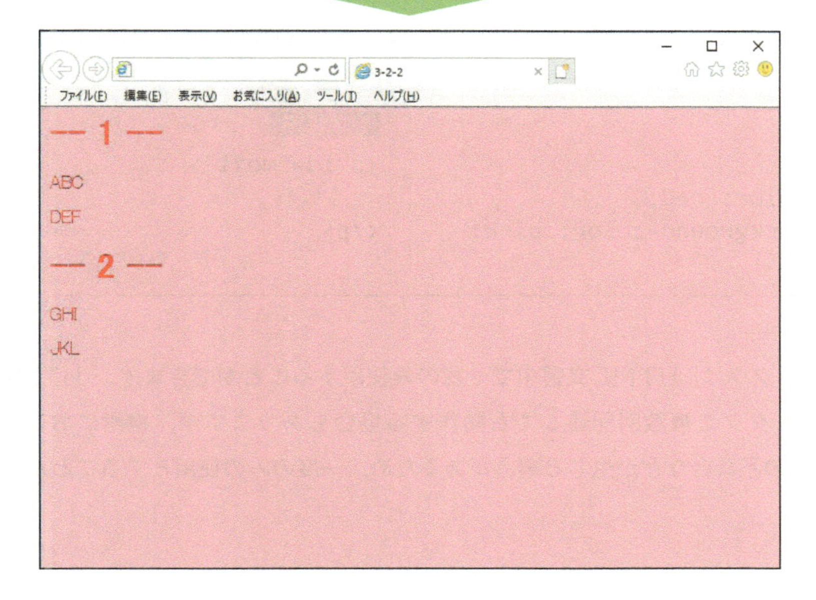

3.2.3 idセレクタ

id(アイディー) セレクタは，CSS側においてセレクタ名を付けて定義した属性を，HTML側でそのセレクタ名が付けられた要素に対して適用するセレクタです．CSS側でのidセレクタの表記には，セレクタ名の前にシャープ（#）を付けます．

書式

CSS側

```
#セレクタ名{属性名: 属性値;}
```

HTML側

```
<要素名 id="セレクタ名">
```

次の使用例では，CSS側で文字色を赤色に定義しています．HTML側ではCSS側で定義した属性を，p要素に対して適用しています．

使用例

CSS側

```
#moji{
      color: red;
}
```

HTML側

```
<p id="moji">
      ⋮
</p>
```

idセレクタは，一つのidセレクタに複数の属性を定義することもできます．次の使用例では，CSS側で文字色を赤色，背景色をピンク色に定義しています．HTML側ではCSS側で定義した属性を，p要素に対して適用しています．

使用例

CSS側

```
#moji{
      color: red;
      background-color: pink;
}
```

HTML側

```
<p id="moji">
      ⋮
</p>
```

同一のidセレクタは，HTML文書中で一度のみ使用することができます．HTML文書中に同一のidセレクタを複数回記述しても動作する場合もありますが，検索における誤動作やJavaScriptでの不具合などが生じる場合があるため，一度のみの使用とすることが重要です．

3-2-3.htmlを作成し，Webブラウザで表示させてみましょう．

3-2-3.html

```
<html>

<head>
<title>3-2-3</title>
<style type="text/css">
        #midasi1{
                color: red;
                background-color: pink;
        }
        #midasi2{
                color: red;
                background-color: pink;
        }
        #moji1{color: orange;}
        #moji2{color: green;}
        #moji3{color: blue;}
        #moji4{color: purple;}
</style>
</head>

<body>
<h1 id="midasi1">-- 1 --</h1>
<p id="moji1">ABC</p>
<p id="moji2">DEF</p>
<h1 id="midasi2">-- 2 --</h1>
<p id="moji3">GHI</p>
<p id="moji4">JKL</p>
</body>

</html>
```

Webブラウザ表示

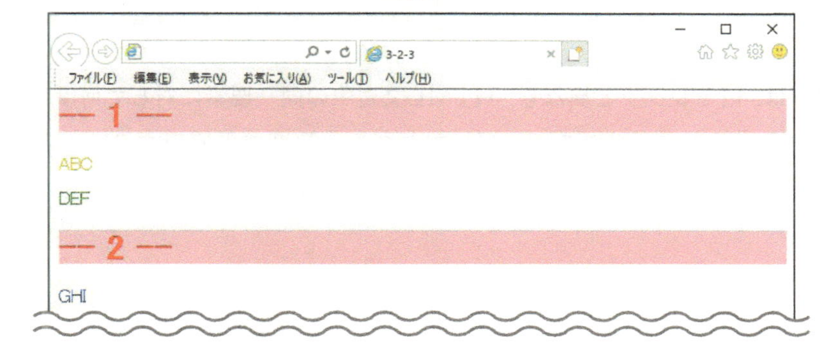

3.2.4 classセレクタ

class（クラス）セレクタは，CSS側においてセレクタ名を付けて定義した属性を，HTML側でそのセレクタ名が付けられた要素に対して適用するセレクタです．CSS側でのclassセレクタの表記には，セレクタ名の前にドット（.）を付けます．

書式

CSS側

```
.セレクタ名{属性名:　属性値;}
```

HTML側

```
<要素名 class="セレクタ名">
```

次の使用例では，CSS側で文字色を赤色に定義しています．HTML側ではCSS側で定義した属性を，p要素に対して適用しています．

使用例

CSS側

```
.moji{
      color: red;
}
```

HTML側

```
<p class="moji">
      ⋮
</p>
```

classセレクタは，一つのクラスセレクタに複数の属性を定義することもできます．次の使用例では，CSS側で文字色を赤色，背景色をピンク色に定義しています．HTML側ではCSS側で定義した属性を，p要素に対して適用しています．

使用例

CSS側

```
.moji{
      color: red;
      background-color: pink;
}
```

HTML側

```
<p class="moji">
      ⋮
</p>
```

classセレクタは，idセレクタと異なり，HTML文書中の同一要素に対して何度でも適用することができます．さらに，異なる要素間に対しても，何度でも適用することができます．classセレクタのほうが，idセレクタより使い勝手がよい場合が多いです．

3-2-4.htmlを作成し，Webブラウザで表示させてみましょう．

3-2-4.html

```
<html>

<head>
<title>3-2-4</title>
<style type="text/css">
	.midasi{
		color: red;
		background-color: pink;
	}
	.moji1{color: orange;}
	.moji2{color: green;}
	.moji3{color: blue;}
	.moji4{color: purple;}
</style>
</head>

<body>
<h1 class="midasi">-- 1 --</h1>
<p class="moji1">ABC</p>
<p class="moji2">DEF</p>
<h1 class="midasi">-- 2 --</h1>
<p class="moji3">GHI</p>
<p class="moji4">JKL</p>
</body>

</html>
```

Webブラウザ表示

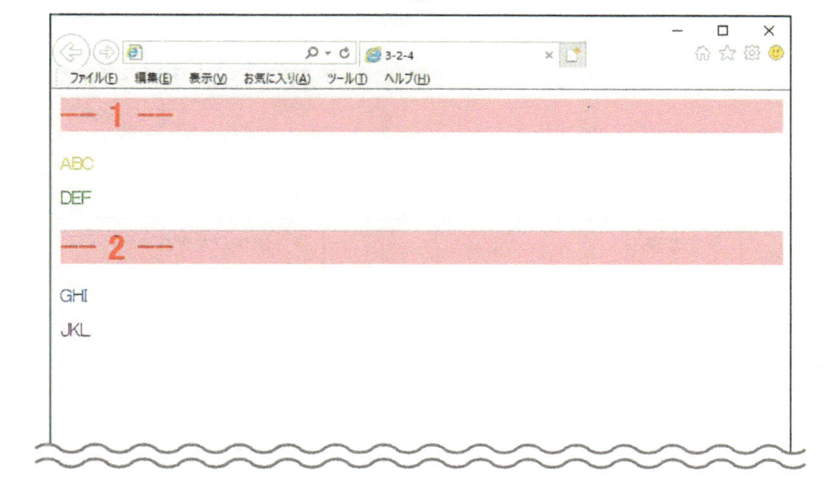

3.3 CSSによるデザイン

CSSでは，文字や背景を詳細にデザインすることができます．
また，画面全体のデザインをボックスモデルにより行うことができます．

3.3.1 文字のデザイン

CSSによる文字のデザインは，色，大きさなどを定義します．

(1) 文字色の定義

文字の色は，色名やrgb値で定義します．

色名	rgb値
red	#ff0000
orange	#ffa500
yellow	#ffff00

色名	rgb値
lime	#00ff00
aqua	#00ffff
blue	#0000ff

色名	rgb値
purple	#800080
white	#ffffff
black	#000000

(2) 文字の大きさの定義

文字の大きさは，相対単位あるいは絶対単位で定義します．相対単位は他の単位を基準とする単位です．絶対単位は実際の長さの単位です．

相対単位	説明
px	画面の画素（pixel）を1とする単位
em	要素のfont-sizeを1とする単位

絶対単位	説明
in	インチ（1インチは2.54cm）
mm, cm	ミリメートル，センチメートル
pt	ポイント （1ポイントは1/72インチ，0.3528mm）

(3) そのほかの定義

文字のフォントの種類などを定義することができます．

属性	属性値	説明
font-size	長さの値	フォントの大きさ
font-weight	100～900，normal，bold	フォントの太さ
font-family	serif，sans-serif，monospace	フォントの種類
text-align	left，center，right，justify	行内での配置
line-height	長さの値	行間の長さ

3-3-1.htmlを作成し，Webブラウザで表示させてみましょう．

3-3-1.html

```
<html>

<head>
<title>3-3-1</title>
<style type="text/css">
.moji1{
        color: orange;  text-align: center;
        font-size: 50px;  font-family: sans-serif;
}
.moji2{
        color: green;  text-align: center;
        font-size: 50px;  font-family: monospace;
}
</style>
</head>

<body>
<p class="moji1">ABC</p>
<p class="moji2">DEF</p>
</body>

</html>
```

3.3.2 背景のデザイン

CSSによる背景のデザインは，セレクタであるbodyのbackground関連の属性を定義することにより行います．background関連の属性は，Webページの背景だけではなく，文字やボックスの背景においても利用できます．

属性	属性値	説明
background-color	色名, rgb値	背景の色
background-image	URL（画像ファイル名）	背景の画像
background-repeat	repeat, repeat-x, repeat-y, no-repeat	背景画像の繰り返し
background-position	left, right, center, top, bottom	背景画像の配置
background-attachment	fixed, scroll	背景画像の固定
background-size	auto, contain, cover, 長さ, 比率	背景画像のサイズ

次の使用例では，画像をWebページの右下に固定表示させます．Webページをスクロールさせても，画像は定位置に表示されます．

使用例

```
body{
        background-image: url("sample.jpg");
        background-repeat: no-repeat;
        background-attachment: fixed;
        background-position: right bottom;
}
```

次の使用例では，背景画像をWebページいっぱいに表示させます．また，画像は自動的に拡大縮小されます．

使用例

```
body{
        background-image: url("sample.jpg");
        background-size: contain;
}
```

3-3-2.htmlを作成し，Webブラウザで表示させてみましょう．

3-3-2.html

```
<html>

<head>
<title>3-3-2</title>
<style type="text/css">
body{
        background-image: url("sample.jpg");
        background-repeat: no-repeat;
        background-attachment: fixed;
        background-position: right bottom;
}
.moji1{
        color: orange; text-align: center;
        font-size: 50px; font-family: monospace;
}
.moji2{
        color: green; text-align: center;
        font-size: 50px; font-family: monospace;
}
</style>
</head>

<body>
<p class="moji1">ABC</p>
<p class="moji2">DEF</p>
</body>

</html>
```

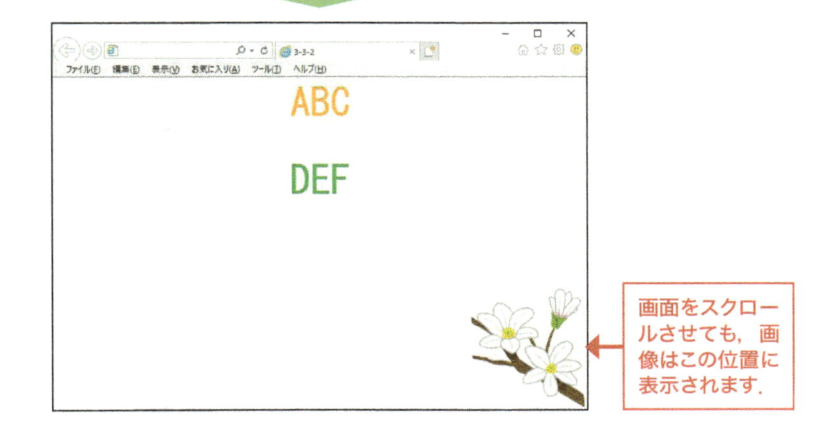

3.3.3 ボックスモデル

CSSでは文字や画像などの要素の周辺には境界線（ボーダー border）と境界線までの長さ（パディング padding），境界線からブラウザの端までの長さ（マージン margin）を定義することができます．これらをまとめてボックスと呼んでいます．

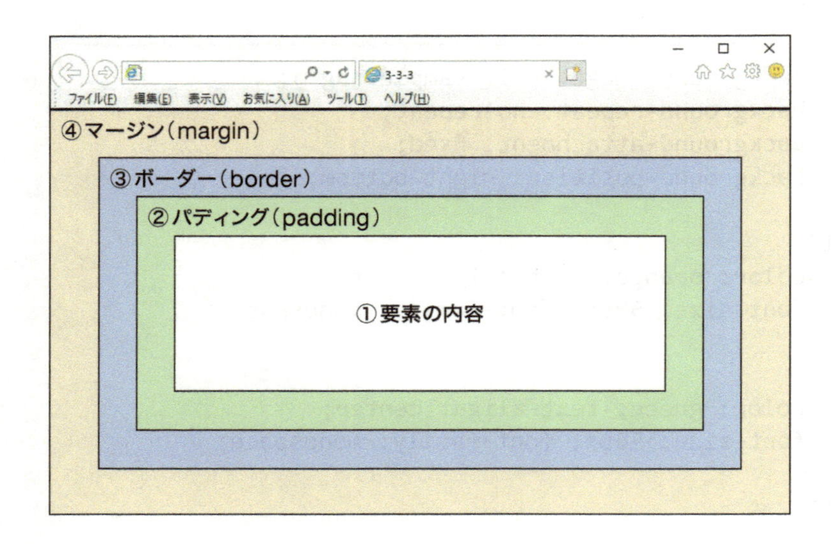

①要素の内容：要素の内容（文字や画像など）について横と縦の長さが定義できます．横はwidth属性，縦はheight属性により定義します．

②パディング（padding）：パディングの長さは，それぞれ上（top），右（right），下（bottom），左（left）の順で，空白で区切り，長さを定義します．

③ボーダー(border)：ボーダー線の太さや種類は，下の表に示す属性により定義します．

属性	属性値	説明
border-color	色名，rgb値	線の色
border-width	長さ	線の太さ
border-style	none, solid, double, dotted	線の種類

④マージン（margin）：マージンの長さは，それぞれ上（top），右（right），下（bottom），左（left）の順で，空白で区切り，長さを定義します．

3-3-3.htmlを作成し，Webブラウザで表示させてみましょう．

3-3-3.html

```
<html>

<head>
<title>3-3-3</title>
<style type="text/css">
.area1{
        color: red;  background-color: pink;  width: 125px;  height: 40px;
        border-width:5px;  border-style: dotted;  padding: 5px;
        margin: 10px 100px 10px 100px;
}
.area2{
        color: orange;  width: 125px;  height: 40px;  border-width:5px;
        border-style: dotted;  padding: 5px;  margin: -50px 100px 10px
        50px;
}
.area3{
        color: green;  width: 125px;  height: 40px;
        border-width:5px;  border-style: dotted;
        padding: 5px;  margin: -50px 100px 10px 150px;
}
</style>
</head>

<body>
<h1 class="area1">-- 1 --</h1>
<p class="area2">ABC</p>
<p class="area3">DEF</p>
</body>

</html>
```

Webブラウザ表示

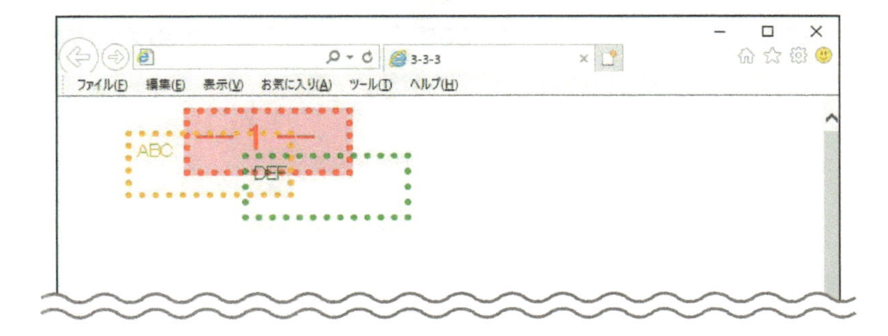

3.3.4 Webページ全体のデザイン

CSSでは，ボックスの配置を定義することにより，Webページ全体のデザインを定義します．

(1) ボックスの配置

ボックスの配置は，position属性，float属性，clear属性により定義します．また，これらの属性を複数使用することでWebページの段組みを行うことができます．

属性	属性値	説明
position	static, relative, absolute, fixed	ボックスの配置
float	left, right, none	回り込み
clear	left, right, both, none	回り込み解除

(2) 2段組みの考え方

Webページを2段組みにする手順は，①ブロック化と②ブロックの配置により行います．

①**ブロック化**：コンテンツごとにdiv要素によりブロックに分け，それぞれにidを付けます．

②**ブロックの配置**：コンテンツごとに回り込み（float）で左側（left）と右側（right）にそれぞれブロックを配置します．段組みを終了するには解除（clear）を利用します．

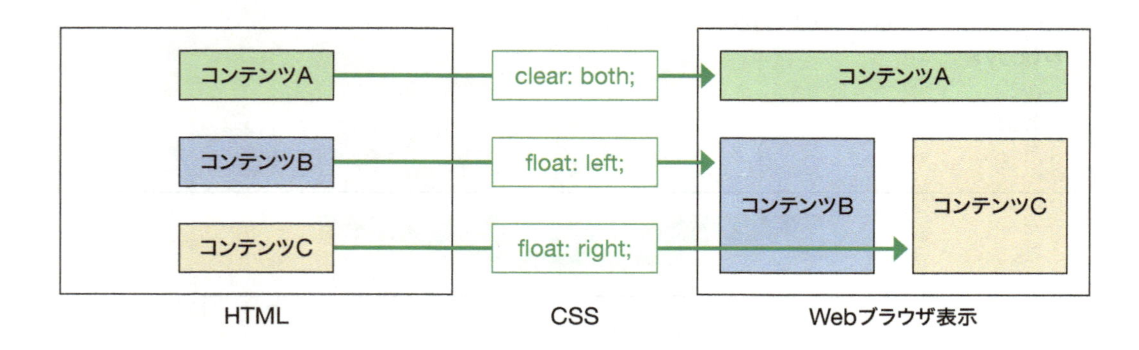

3-3-4.htmlを作成し，Webブラウザで表示させてみましょう．

3-3-4.html

```
<html>

<head>
<title>3-3-4</title>
<style type="text/css">
.area1{
        color: red;  background-color: pink;  text-align: center;
        border-width:5px;  border-style: dotted;  clear: both;
}
.area2{
        color: orange;  text-align: center;  width: 45%;  height: 100px;
        border-width:5px;  border-style: dotted;  float: left;
}
.area3{
        color: green;  text-align: center;  width: 45%;  height: 100px;
        border-width:5px;  border-style: dotted;  float: right;
}
</style>
</head>

<body>
<h1 class="area1">-- 1 --</h1>
<p class="area2">ABC</p>
<p class="area3">DEF</p>
</body>

</html>
```

Webブラウザ表示

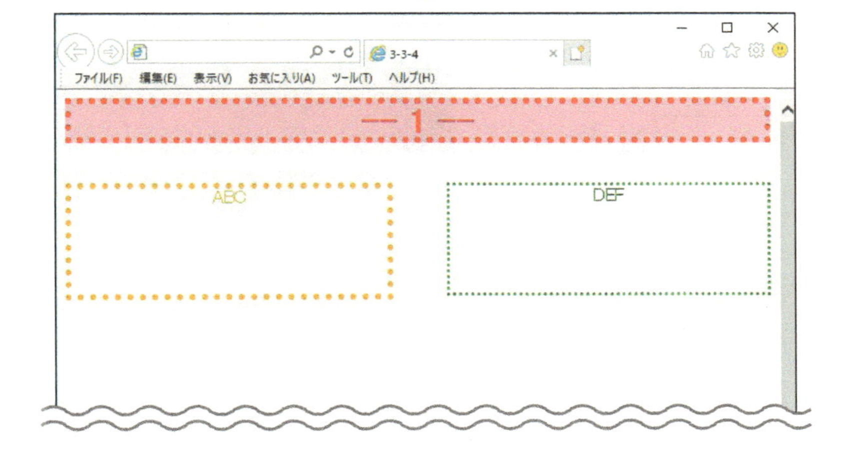

3.4 外部ファイルへのCSSの記述

CSSは，外部ファイルとして作成することもできます．
CSSを外部ファイルにしておくと，複数のHTMLファイルに適用することができます．

3.4.1 外部ファイルを用いる利点

CSSは，外部ファイルとして作成することもできます． CSSをHTMLファイル内に記述した場合は，そのHTMLファイルのみへの適用となりますが，CSSを外部ファイルにしておくと，複数のHTML文書に同じスタイルを適用する場合に便利です．

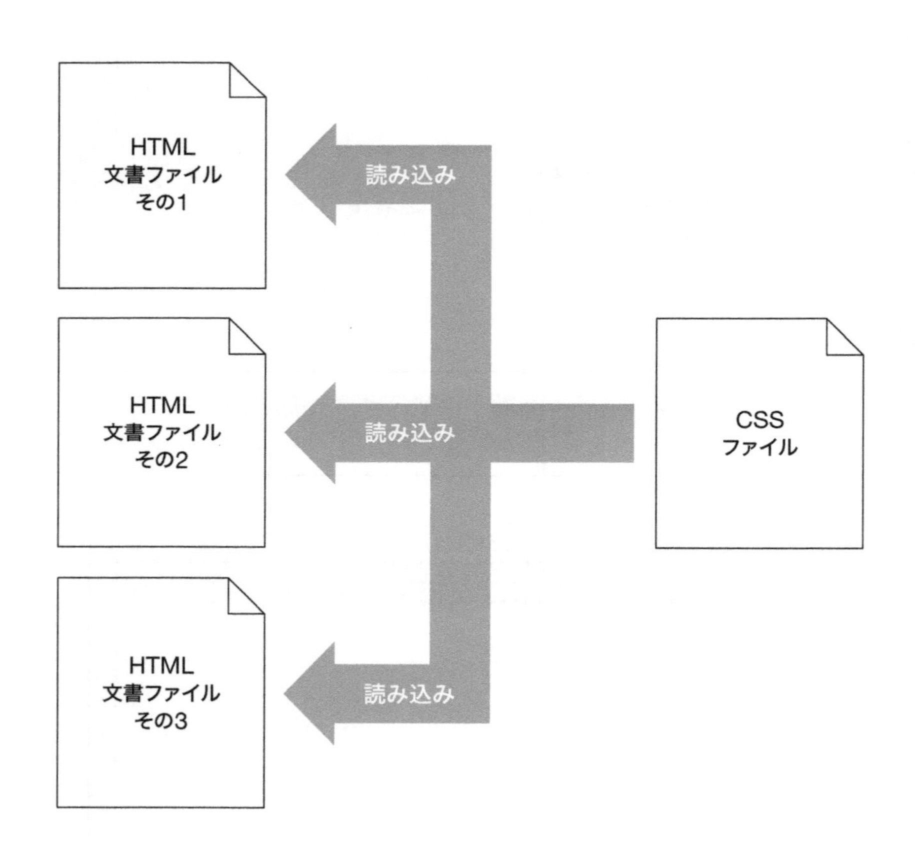

3.4.2 外部ファイルの読み込み

CSSを外部ファイルとして作成する場合は，HTMLファイルへの読み込み（リンク）が必要になります.

CSSをHTMLファイルへ読み込む（リンクさせる）には，HTMLファイルのヘッダ部に<link>タグを用いて，次のように読み込むCSSファイル名を指定します.

linkタグの書式

```
<link href="cssファイル名" rel="stylesheet" type="text/css">
```

HTMLファイル（sample.html）

```
<html>

<head>
<title>Sample</title>
<link href="style.css" rel="stylesheet" type="text/css">
</head>

<body>
<h1>Japan</h1>
<p>Tokyo</p>
<p>Yokohama</p>
</body>
</html>
```

CSSファイル（style.css）

```
h1{color: red;}
p{color: orange;}
```

HTMLファイルに，CSSファイル（style.css）をリンクさせている

Webブラウザ表示

3-4-2.html，3-4-2.cssを作成し，Webブラウザで表示させてみましょう．

3-4-2.html

```
<html>

<head>
<title>3-4-2</title>
<link href="3-4-2.css" rel="stylesheet" type="text/css">
</head>

<body>
<h1>-- 1 --</h1>
<h2>-- 2 --</h2>
<h3>-- 3 --</h3>
<h4>-- 4 --</h4>
<h5>-- 5 --</h5>
<h6>-- 6 --</h6>
</body>

</html>
```

3-4-2.css

```
h1{color: white; background-color: red;}
h2{color: white; background-color: orange;}
h3{color: white; background-color: yellow;}
h4{color: white; background-color: green;}
h5{color: white; background-color: blue;}
h6{color: white; background-color: navy;}
```

Webブラウザ表示

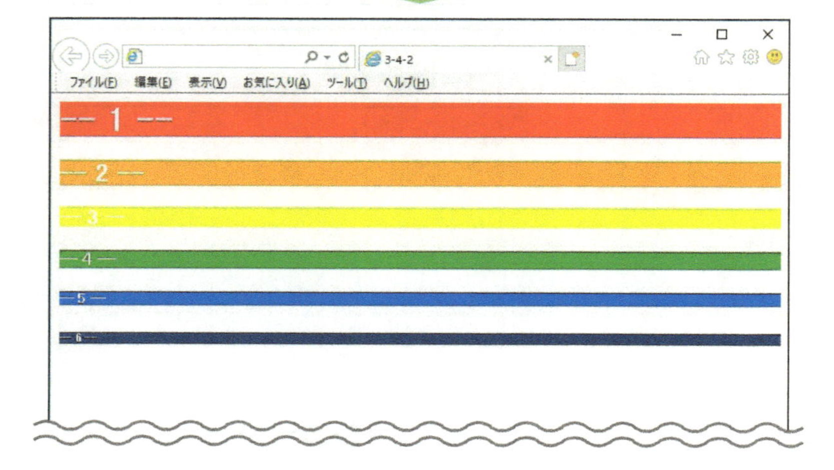

JavaScript

4.1 JavaScriptの概要

JavaScriptはWebページに変化や動きを与えます.
HTML文書にJavaScriptで定義した内容を読み込んで, Webページに反映させます.

4.1.1 JavaScriptの記述位置

JavaScriptは, 一般に, HTML文書の <body> ~ </body> の間に記述します.

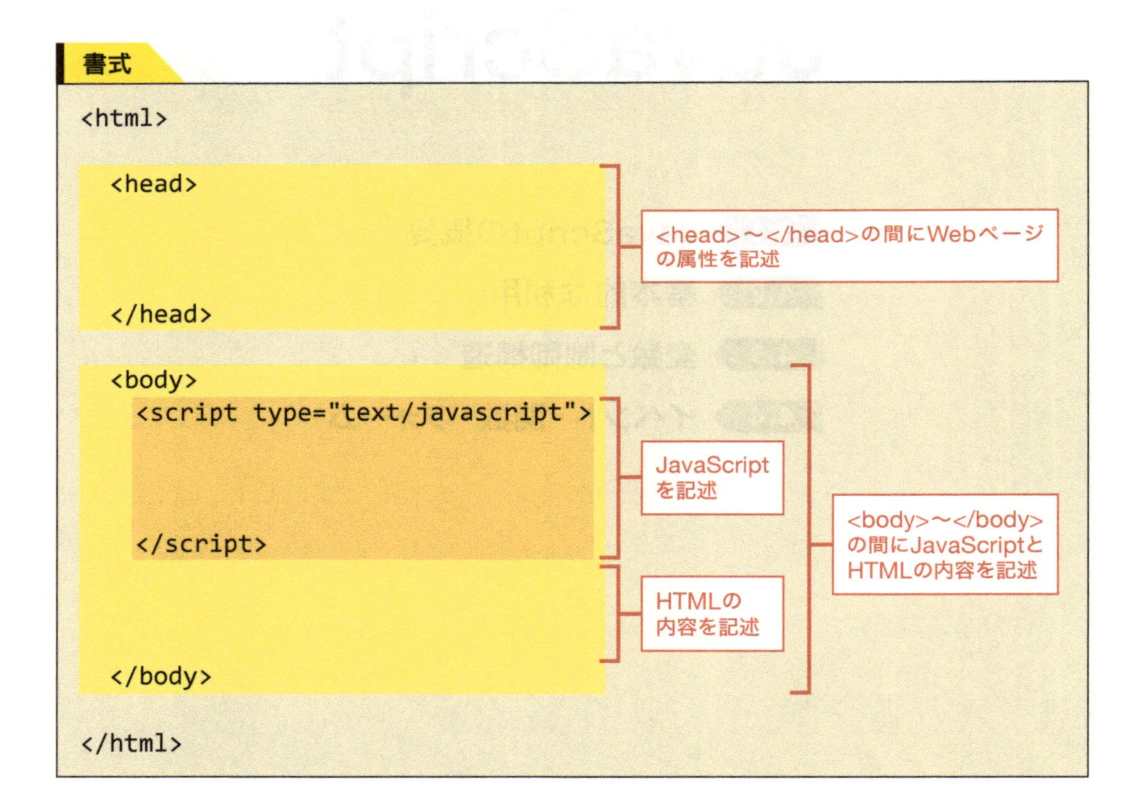

JavaScriptを記述した簡単なWebページを作成してみましょう．Webページは Windows のメモ帳などで作成しましょう（1.2参照）．JavaScriptで文字を表示させてみます．

4-1-1.html

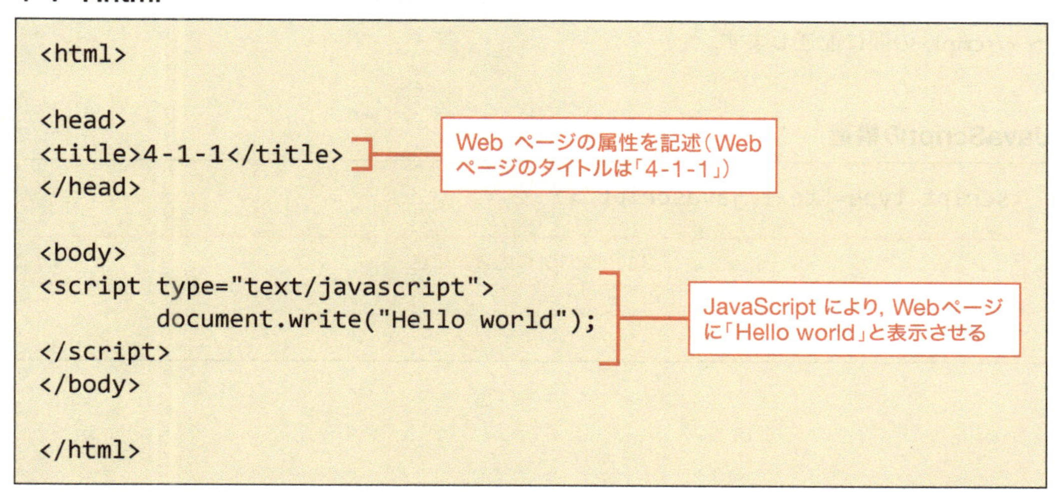

```html
<html>

<head>
<title>4-1-1</title>
</head>

<body>
<script type="text/javascript">
        document.write("Hello world");
</script>
</body>

</html>
```


作成したJavaScriptを含むWebページを表示させてみましょう．Webブラウザは Windows のInternet Explorerなどで表示させてみましょう（1.3参照）．

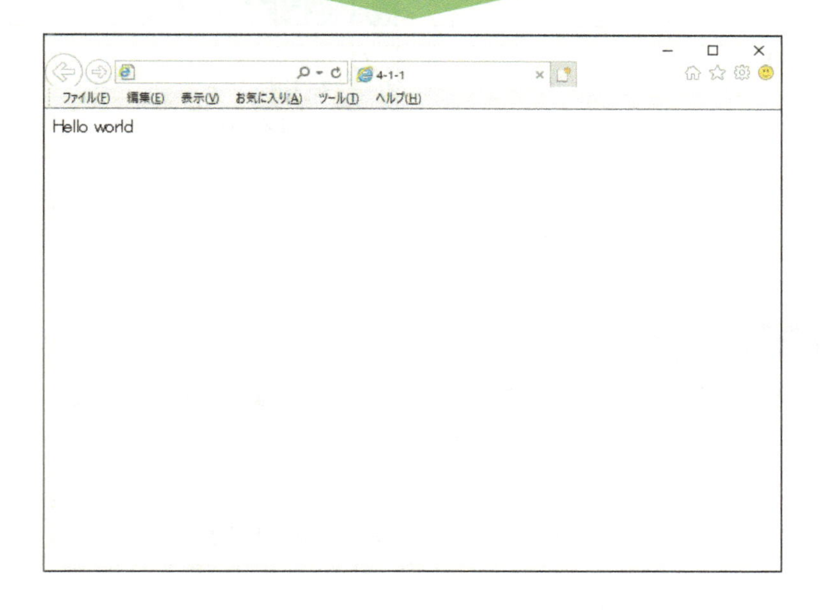

4.1.2 JavaScriptの構造

JavaScriptは，次に示す構造をしています．JavaScriptの内容は<script type ="text/javascript"> ～ </script>の間に記述します．

JavaScriptの構造

```
<script type="text/javascript">

                JavaScriptの内容を記述

</script>
```

コメント文

JavaScriptへの注釈やメモの挿入にはコメント文を使用します．1行のみのコメント文は//の後に，複数行にわたるコメント文は/*～*/の間に記述します．コメント文はWebブラウザには表示されません．

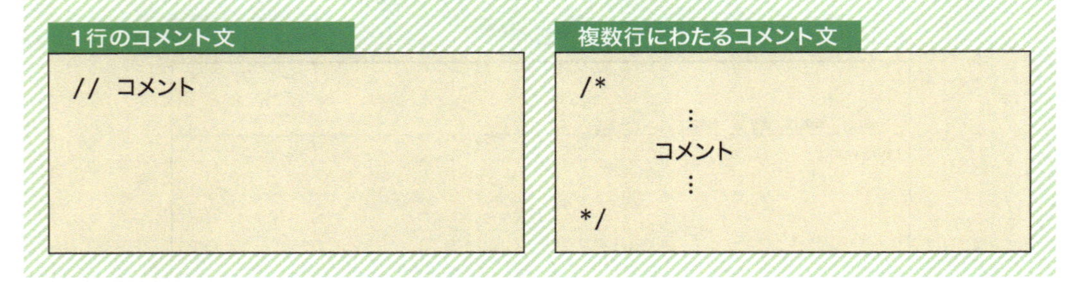

文末のセミコロン(;)

JavaScriptの各文末には，セミコロン（;）が必要です．動作不良の主な要因の一つがセミコロンの書き忘れですので，注意しましょう．

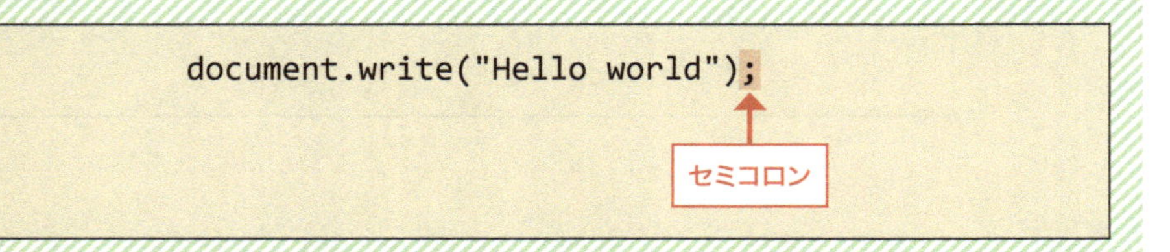

4-1-2.htmlを作成し，Webブラウザで表示させてみましょう．

4-1-2.html

```
<html>

<head>
<title>4-1-2</title>
</head>

<body>
<script type="text/javascript">
	document.write("Hello world. ");
	document.write("Hello world. ");
	document.write("Hello world. ");
	document.write("Hello world. ");
	document.write("Hello world. ");
</script>
</body>

<html>
```

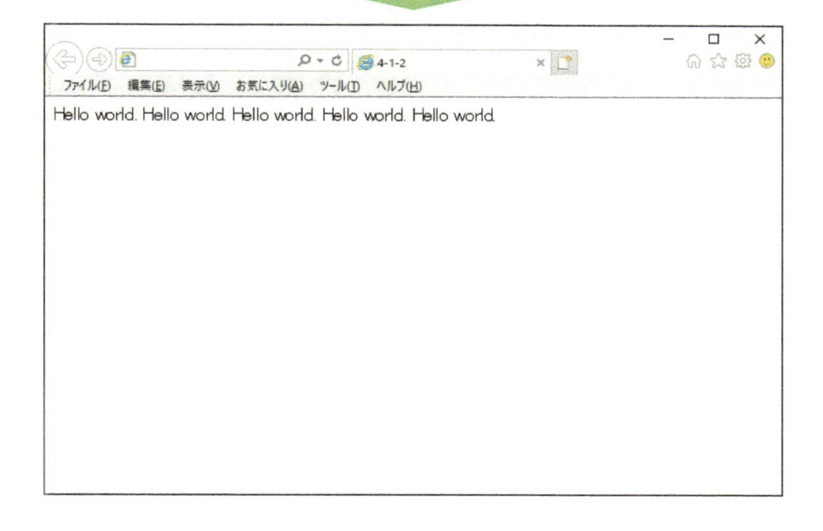

4.2 基本的な利用

JavaScriptでは，オブジェクト，メソッド，プロパティが重要な概念です．
また，JavaScriptにHTMLのタグを埋め込むことが可能です．

4.2.1 文字の表示とオブジェクト．メソッド

文字の表示など，オブジェクトに関する処理を行う場合には，オブジェクトとメソッドを用います．引数（ひきすう）には，表示させたい文字など，処理に反映させる内容を指定します．

書式

```
オブジェクト.メソッド(引数);
```

```
                    ⋮
<body>
<script type="text/javascript">
      document.write("ABC");
</script>
</body>
                    ⋮
```

Webブラウザ表示

```
ABC
```

4-2-1.htmlを作成し，Webブラウザで表示させてみましょう．

4-2-1.html

```
<html>

<head>
<title>4-2-1</title>
</head>

<body>
<script type="text/javascript">
      document.write("ABCDE");
      document.write("FGHIJ");
      document.write("KLMNO");
</script>
</body>

</html>
```

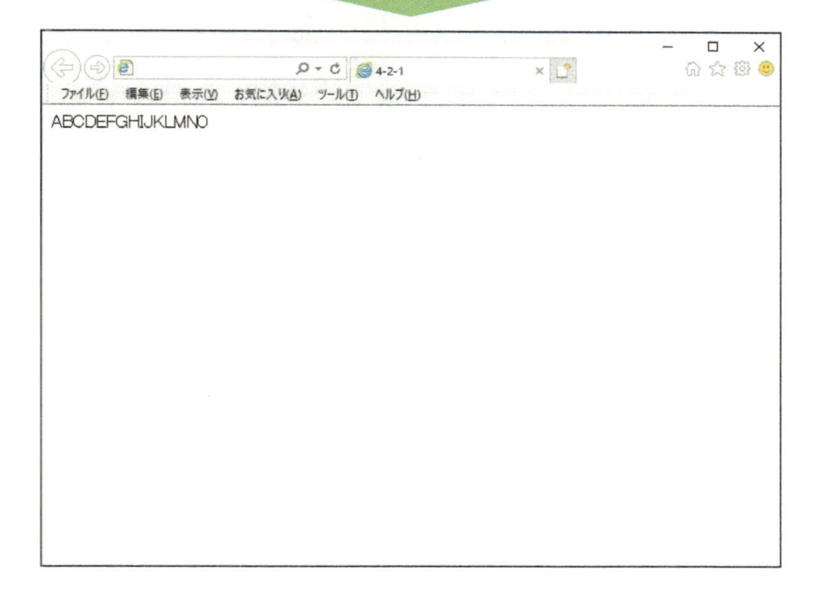

4.2.2 文字の装飾とオブジェクト．プロパティ

文字の色や書体など，オブジェクトに関するプロパティ（属性）を指定する場合には，オブジェクトとプロパティを用います．値（あたい）には，色名や書体名など，プロパティの状態を指定します．

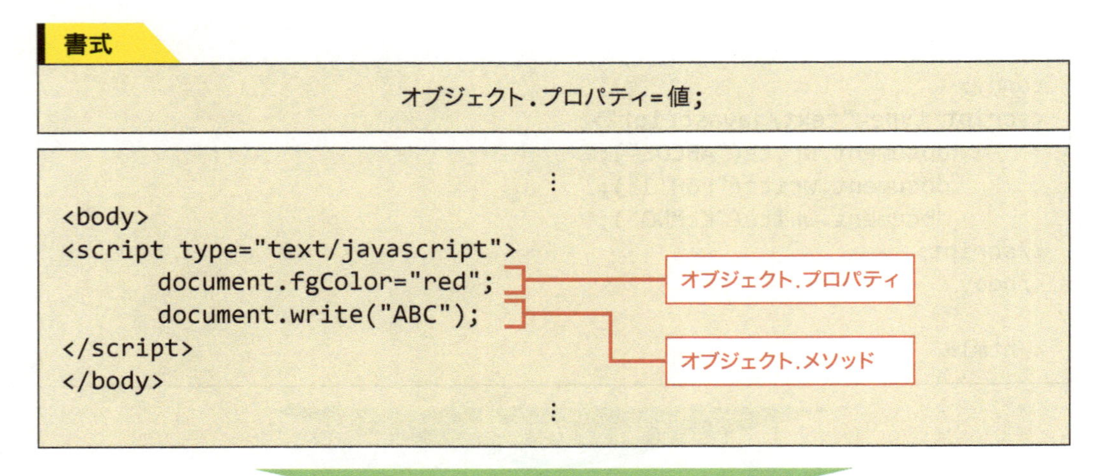

4-2-2.htmlを作成し，Webブラウザで表示させてみましょう．

4-2-2.html

```
<html>

<head>
<title>4-2-2</title>
</head>

<body>
<script type="text/javascript">
        document.fgColor="white";
        document.bgColor="lime";
        document.write("ABCDE");
        document.write("FGHIJ");
        document.write("KLMNO");
</script>
</body>

</html>
```

文字色を白にする

背景色をライムにする

Webブラウザ表示

4.2.3 HTMLタグの埋め込み

JavaScriptにHTMLタグを埋め込むことにより，JavaScriptにおいてHTMLのタグの機能を使用することができます．

書式

```
document.write("HTMLタグ");
```

```
                    ⋮
<body>
<script type="text/javascript">
      document.write("ABC");
      document.write("<br>");
      document.write("DEF");
</script>
</body>
                    ⋮
```

改行タグ
の埋め込み

Webブラウザ表示

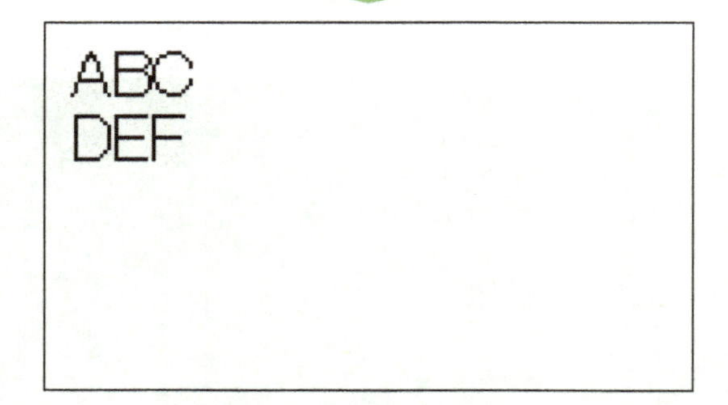

文字色の設定

文字色の設定は，一括指定と個別指定ができます．一括指定の場合はWebページ全体の文字に適用されます．個別指定の場合は，その文字のみに適用されます．

一括指定

```
document.fgColor="色名";
```

個別指定

```
document.write("文字".fontcolor("色名"));
```

4-2-3.htmlを作成し，Webブラウザで表示させてみましょう．

4-2-3.html

```
<html>

<head>
<title>4-2-3</title>
</head>

<body>
<script type="text/javascript">
      document.write("ABCDE".fontcolor("lime"));
      document.write("<br>");                        改行
      document.write("FGHIJ".fontcolor("aqua"));
      document.write("<br>");                        改行
      document.write("KLMNO".fontcolor("blue"));
</script>
</body>

</html>
```

Webブラウザ表示

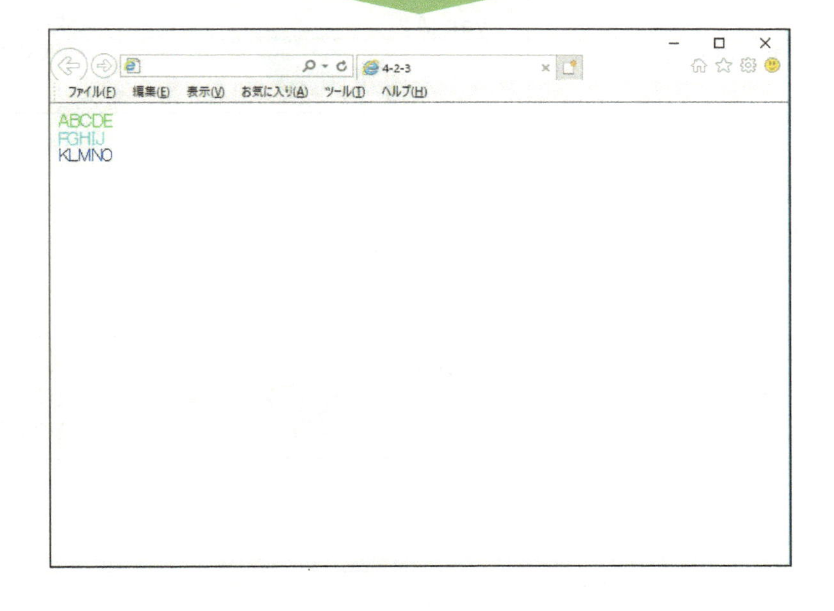

Chapter1 Webページとは
Chapter2 HTML
Chapter3 CSS
Chapter4 JavaScript
巻末資料

4.3 変数と制御構造

JavaScriptでは，変数と制御構造を使用できます．
制御構造には条件分岐と繰り返し処理があります．

4.3.1 変数と計算

JavaScriptで演算を行うためには，値（数値や文字）を入れるための入れ物を用意し，その中に値を入れます．この入れ物のことを変数といいます．

（1）変数の宣言

変数を使用するときは，変数の宣言を行います．変数名には，半角英数字，アンダースコア（_），ドルマーク（$）を使用できます．大文字と小文字は区別されます．

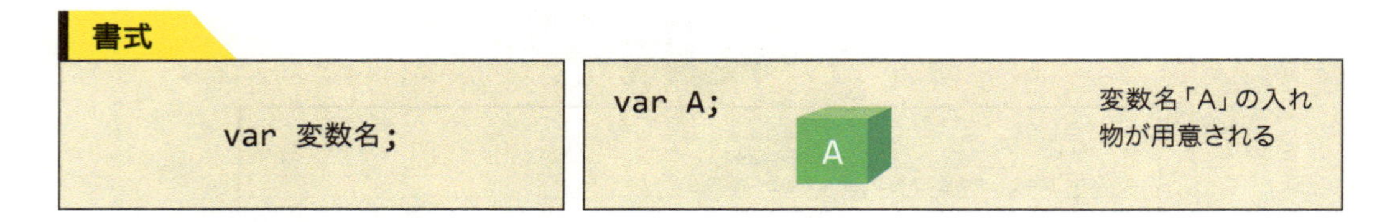

（2）変数へ値を格納

変数へ値（数値や文字）を格納します．

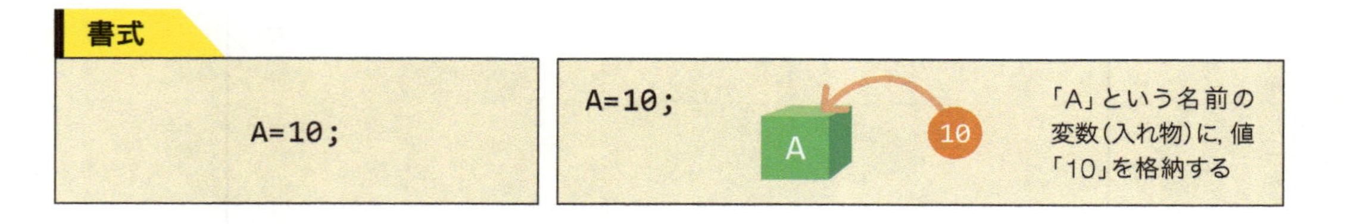

（3）変数の計算

計算の記号は，足し算「+」，引き算「-」，掛け算「*」，割り算「/」を使用します．計算結果は別の変数を用意し，その変数へ格納します．

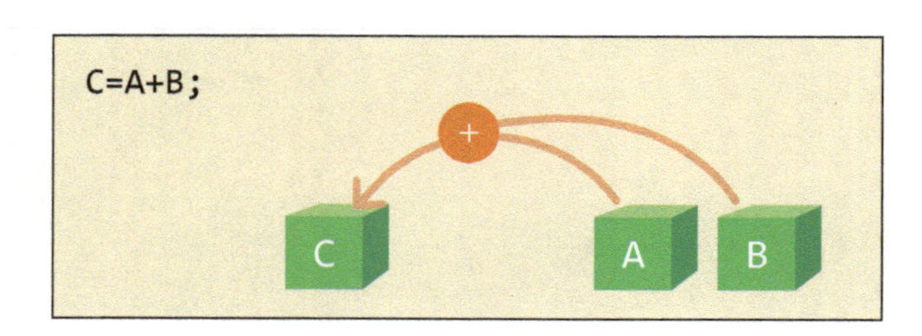

4-3-1.htmlを作成し，Webブラウザで表示させてみましょう．

4-3-1.html

```
<html>

<head>
<title>4-3-1</title>
</head>

<body>
<script type="text/javascript">
        var hensu1, hensu2, kotae;
        hensu1=100 ;
        hensu2=200 ;
        kotae=hensu1+hensu2;
        document.write(hensu1,"+", hensu2,"=", kotae);
</script>
</body>

</html>
```

変数の宣言

値の格納

計算および値の格納

Webブラウザ表示

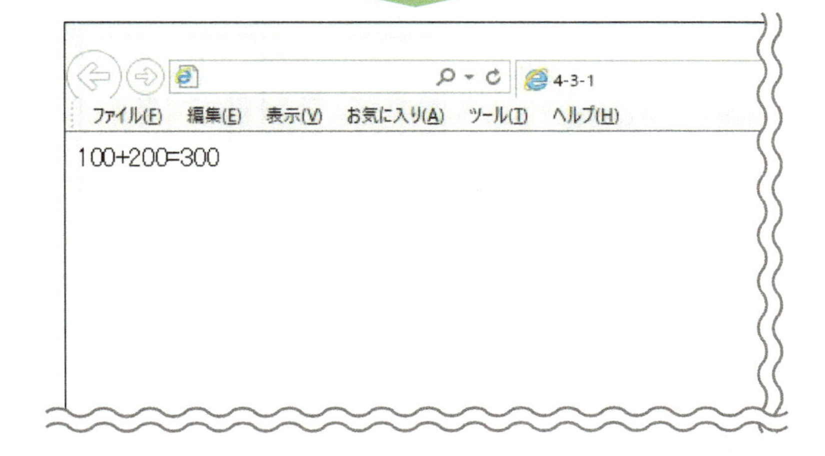

4.3.2 条件分岐と比較演算子

条件分岐を使用することで，条件によって処理内容が変わるWebページを作成することができます．

(1) 条件分岐

条件分岐には，if 文を使用します．条件式が成り立つ場合（「真」と呼ぶ）と成り立たない場合（「偽」と呼ぶ）によって処理を分岐させます．

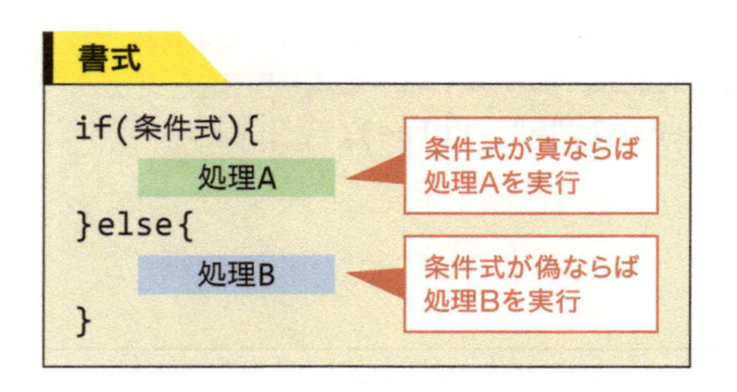

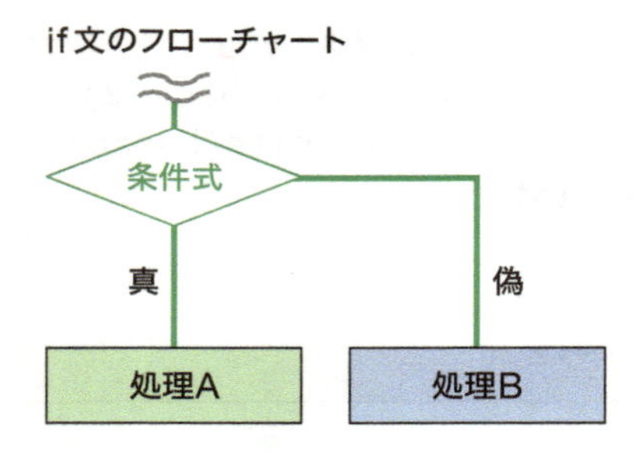

(2) 比較演算子

条件式では数式が使用できます．条件式における比較演算には比較演算子を用います．

比較演算子	使用例	意味
==	A == B	AとBが等しい
>	A > B	AがBより大きい
>=	A >= B	AがB以上
<	A < B	AがBより小さい
<=	A <= B	AがB以下
!=	A != B	AとBが等しくない

値の入力

Webページへ値を入力するときにはpromptを使用します．入力値は変数に格納します．入力値を数値として扱う場合はparseIntで変換します．

文字の場合

```
変数=prompt("表示する文字", "");
```

数値へ変換

```
変数=parseInt(prompt("表示する文字", ""));
```

4-3-2.htmlを作成し，Webブラウザで表示させてみましょう.

4-3-2.html

```
<html>

<head>
<title>4-3-2</title>
</head>

<body>
<script type="text/javascript">
        var num;
        num=parseInt(prompt("数を入力してください。",""));
        if(num%2==0){
                document.write("偶数です。");
        }else{
                document.write("奇数です。");
        }
</script>
</body>
</html>
```

Webページへ値を入力し，入力された値を数値に変換

入力された数値の余りが0の場合は「偶数です。」，そうでない場合は「奇数です。」と表示

「%」は余りを求める演算子．入力した数が2で割り切れる（余りが0）場合は偶数，そうでない場合は奇数

Webブラウザ表示

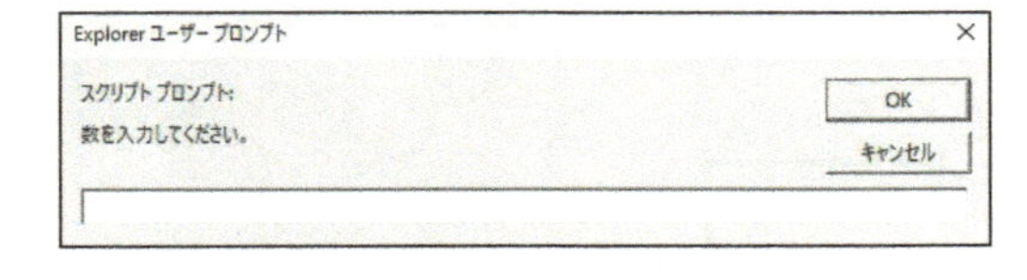

Explorer ユーザー プロンプト
スクリプト プロンプト:
数値を入力してください
OK
キャンセル
10

数を入力し，「OK」をクリック

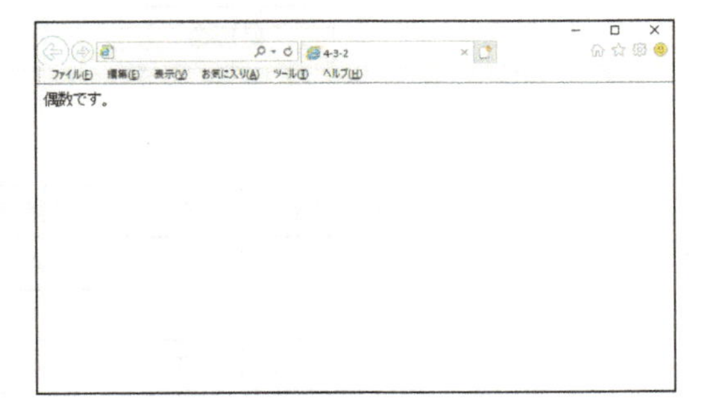

4.3.3 複数の条件分岐と論理演算子

条件分岐が複雑な場合は，複数の条件分岐や論理演算子を使用します．

(1) 複数の条件分岐

条件式が複数ある場合は，else if文を使用します．

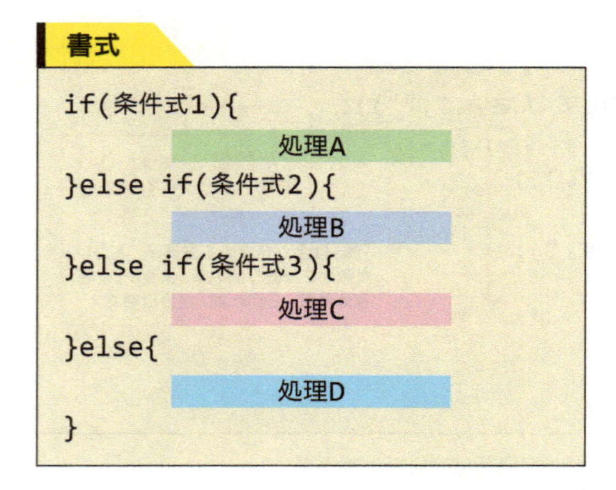

複数条件if文のフローチャート

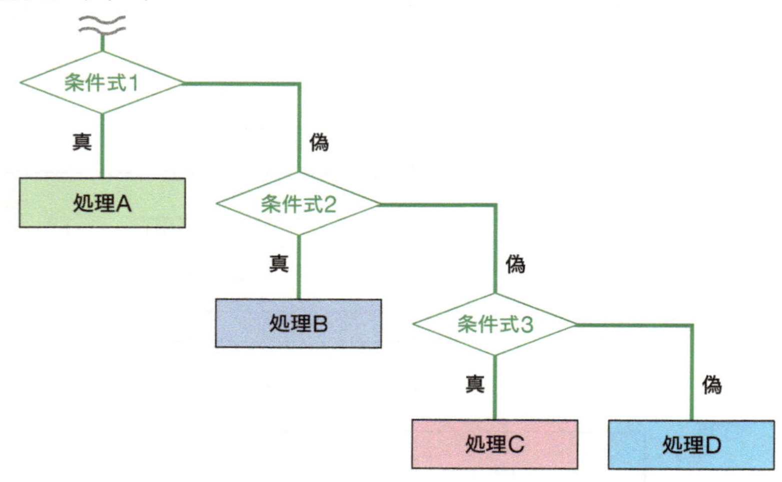

(2) 論理演算子

論理演算子を使用すると，複数の条件式を組み合わせることができます．

論理演算子	論理	使用例	意味
&&	AND	A && B	A かつ B
||	OR	A || B	A または B
!=	NOT	A != B	A は B でない

4-3-3.htmlを作成し，Webブラウザで表示させてみましょう．

4-3-3.html

```
<html>

<head>
<title>4-3-3</title>
</head>

<body>
<script type="text/javascript">
	var num;
	num=parseInt(prompt("数を入力してください。",""));
	if((num%2==0)&&(num%3==0)){
		document.write("2の倍数かつ3の倍数です。");
	}else if((num%2!=0)&&(num%3==0)){
		document.write("2倍数ではありませんが, 3の倍数です。");
	}else if((num%2==0)&&(num%3!=0)){
		document.write("2の倍数ですが, 3の倍数ではありません。");
	}else{
		document.write("2の倍数でも3の倍数でもありません。");
	}
</script>
</body>

</html>
```

Webブラウザ表示

Explorer ユーザー プロンプト
スクリプト プロンプト:
数値を入力してください
OK
キャンセル
10

数を入力し,「OK」をクリック

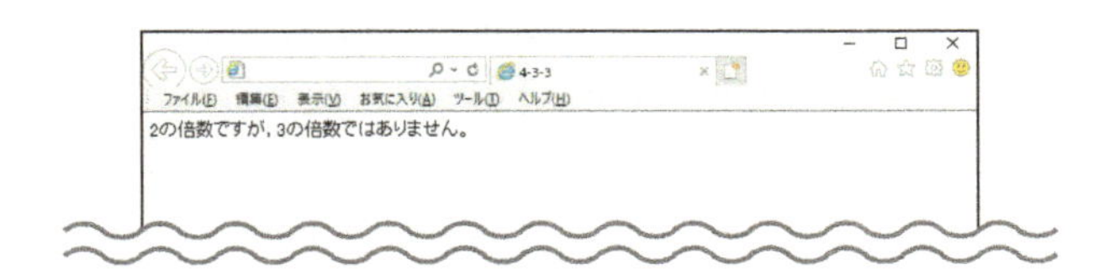

4.3.4 繰り返し処理

繰り返し処理は，回数を指定して繰り返す方法と，条件式が真の場合に繰り返す方法があります．

書式

```
for(i=0; 指定回数; i++){
        処理
}
```

(1) 指定回数の繰り返し

指定回数の処理を繰り返させる場合は，for文を使用します．

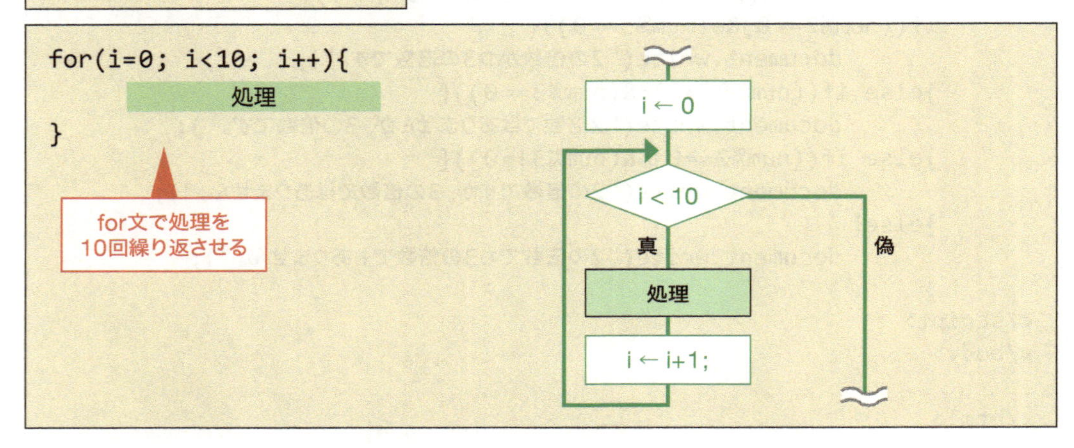

書式

```
while(条件式){
        処理
}
```

(2) 条件下の処理の繰り返し

条件式を満たしている間は処理を繰り返させる場合には，while文を使用します．条件式が真の間は処理を繰り返し，条件式が偽になったときに処理が終了します．

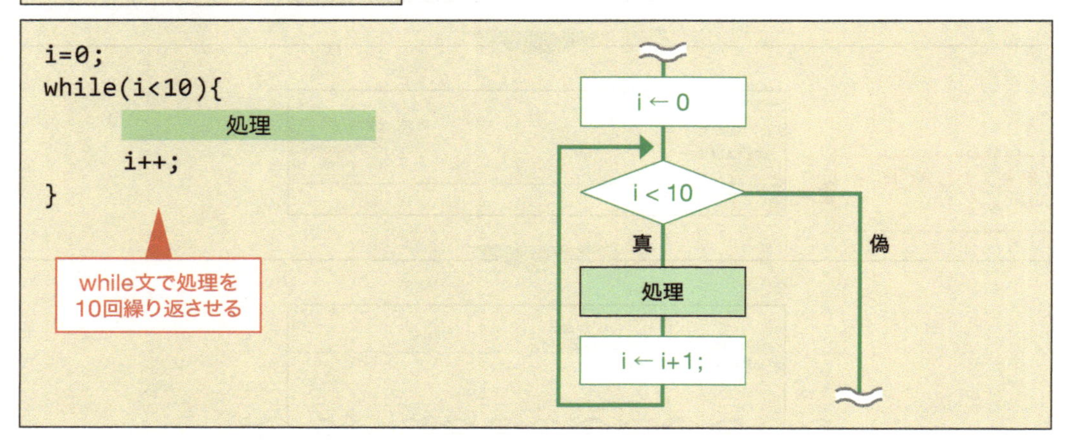

4-3-4.htmlを作成し，Webブラウザで表示させてみましょう．

4-3-4.html

```
<html>

<head>
<title>4-3-4</title>
</head>

<body>
<script type="text/javascript">
var i, num;
        num=parseInt(prompt("数を入力してください。", ""));
        for(i=0; i<num; i++){
                document.write("<img src='picture.jpg'>");
        }
</script>
</body>

</html>
```

入力した数と同じ枚数の画像を表示

Webブラウザ表示

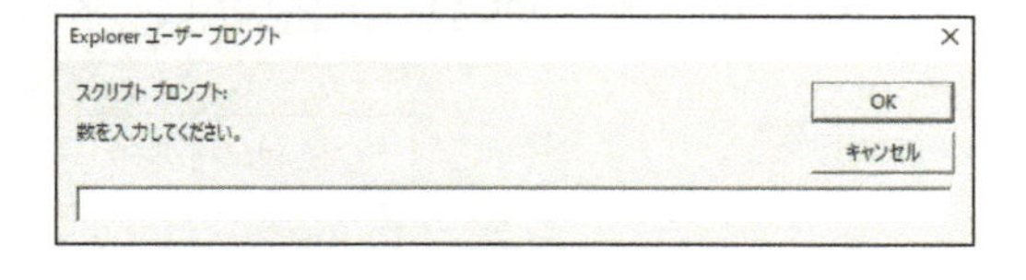

使用画像（picture.jpg）

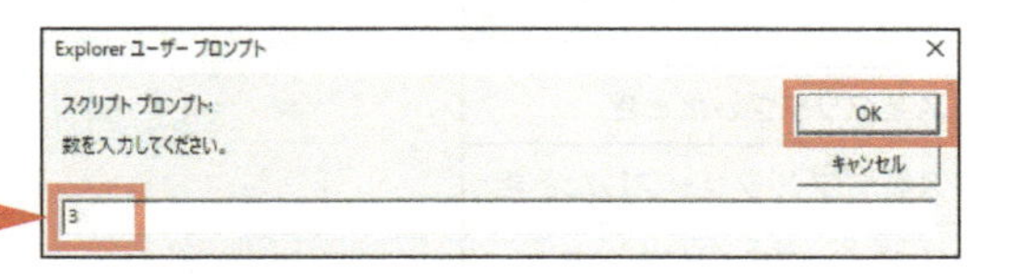

数を入力し，「OK」をクリック

入力した数と同じ枚数の画像が表示されます．

4.4 イベント・関数・フォーム

JavaScriptでは，イベント，関数，フォームを組み合わせて使用することで，インタラクティブなWebページが作成できます．

4.4.1 イベント

マウスをクリックしたときや，キーボードを押したときなどの動作をイベントと呼びます．また，イベントが発生したときに呼び出される処理をイベントハンドラと呼びます．イベントハンドラは，HTMLのタグの属性部分に記述します．

書式

<タグ　イベントハンドラ="処理">

```
<input type="button" value="OK" onClick="alert('OK')">
```

「OK」ボタンをクリックするとアラートを表示

イベントハンドラ	意味
onClick	マウスをクリックしたとき
onDblClick	マウスをダブルクリックしたとき
onMouseOver	マウスポインタを乗せたとき
onMouseOut	マウスポインタを外したとき
onMouseMove	マウスを動かしているとき
onKeyDown	キーを押したとき
onKeyPress	キーを押している間

アラート

アラート（注意）を表示する場合はalertを使用します．

```
alert("表示する文字");
```

4-4-1.htmlを作成し，Webブラウザで表示させてみましょう．

4-4-1.html

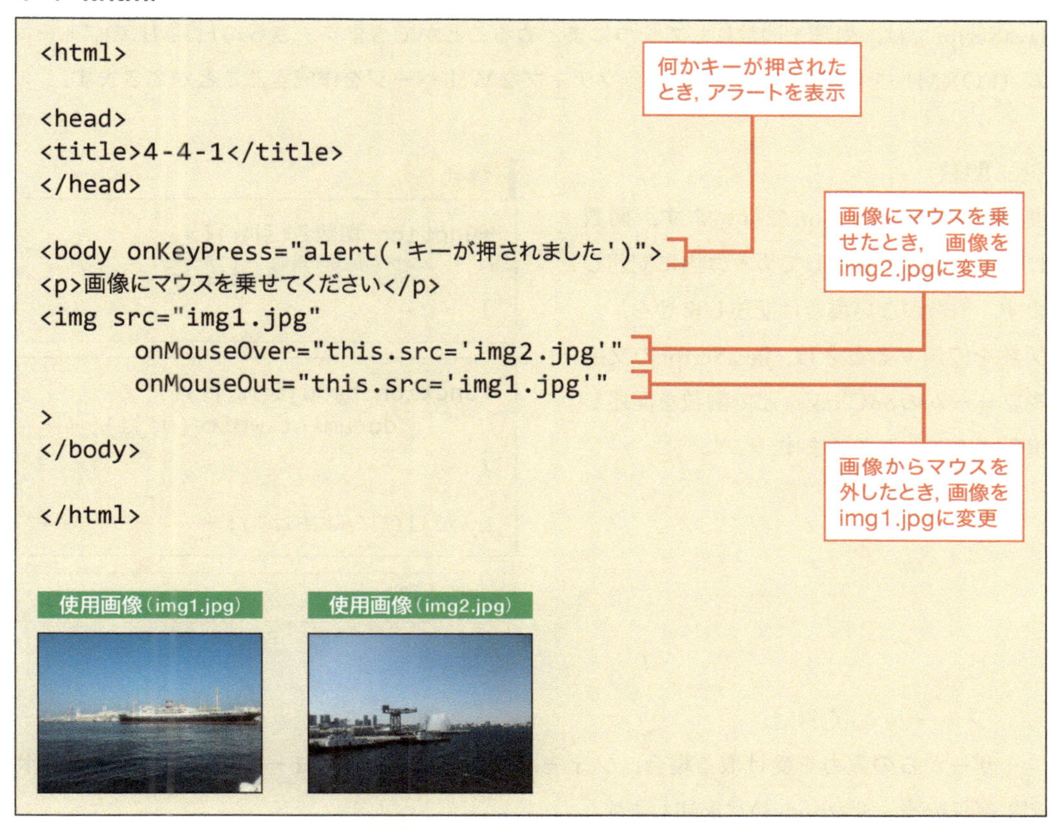

```
<html>

<head>
<title>4-4-1</title>
</head>

<body onKeyPress="alert('キーが押されました')">
<p>画像にマウスを乗せてください</p>
<img src="img1.jpg"
      onMouseOver="this.src='img2.jpg'"
      onMouseOut="this.src='img1.jpg'"
>
</body>

</html>
```


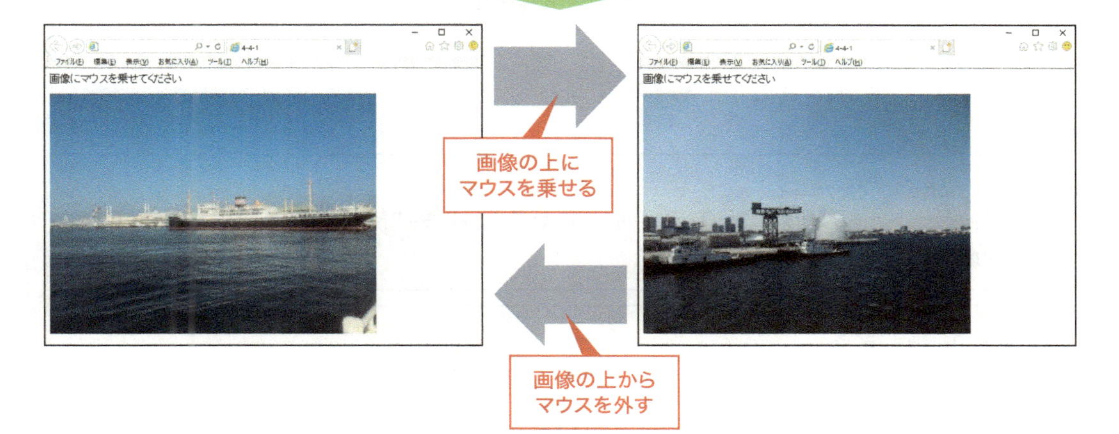

4.4.2 関数とフォーム

JavaScriptでは，処理を関数にして一つにまとめることができます．さらにHTMLのフォーム（FORM）を使用すると，インタラクティブなWebページを作成することができます．

(1) 関数

関数の定義はfunctionで行います．関数に渡す数値は引数としてカッコ内に記述します．引数がない場合は記述しません．
関数を使用するときは，JavaScriptの文中やフォームのonClickなどで関数を記述し実行することができます．

書式

```
function 関数名(引数){
        処理
}
```

```
function hyouji(moji){
        document.write(moji);
}

hyouji("こんにちは");
```

関数hyoujiを呼び出し，「こんにちは」と表示させる．

(2) フォーム（FORM）

ユーザーからの入力を受け取る場合，フォームを使用します．フォームはHTML文書のボディ部(<body> ～ </body>)に記述します．
種別にはbutton（ボタン）やtext（文字入力）などを使用します．イベントハンドラを利用してJavaScriptで定義した関数を呼び出すことができます．

書式

```
<form name="フォーム名">
   <input type="種別" value="値" イベントハンドラ="関数名()">
</form>
```

```
<form name="a">
   <input type="button" value="実行" onClick="kansu()">
</form>
```

「実行」ボタンをクリックすると関数「kansu」が呼び出される．

4-4-2.htmlを作成し，Webブラウザで表示させてみましょう．

4-4-2.html

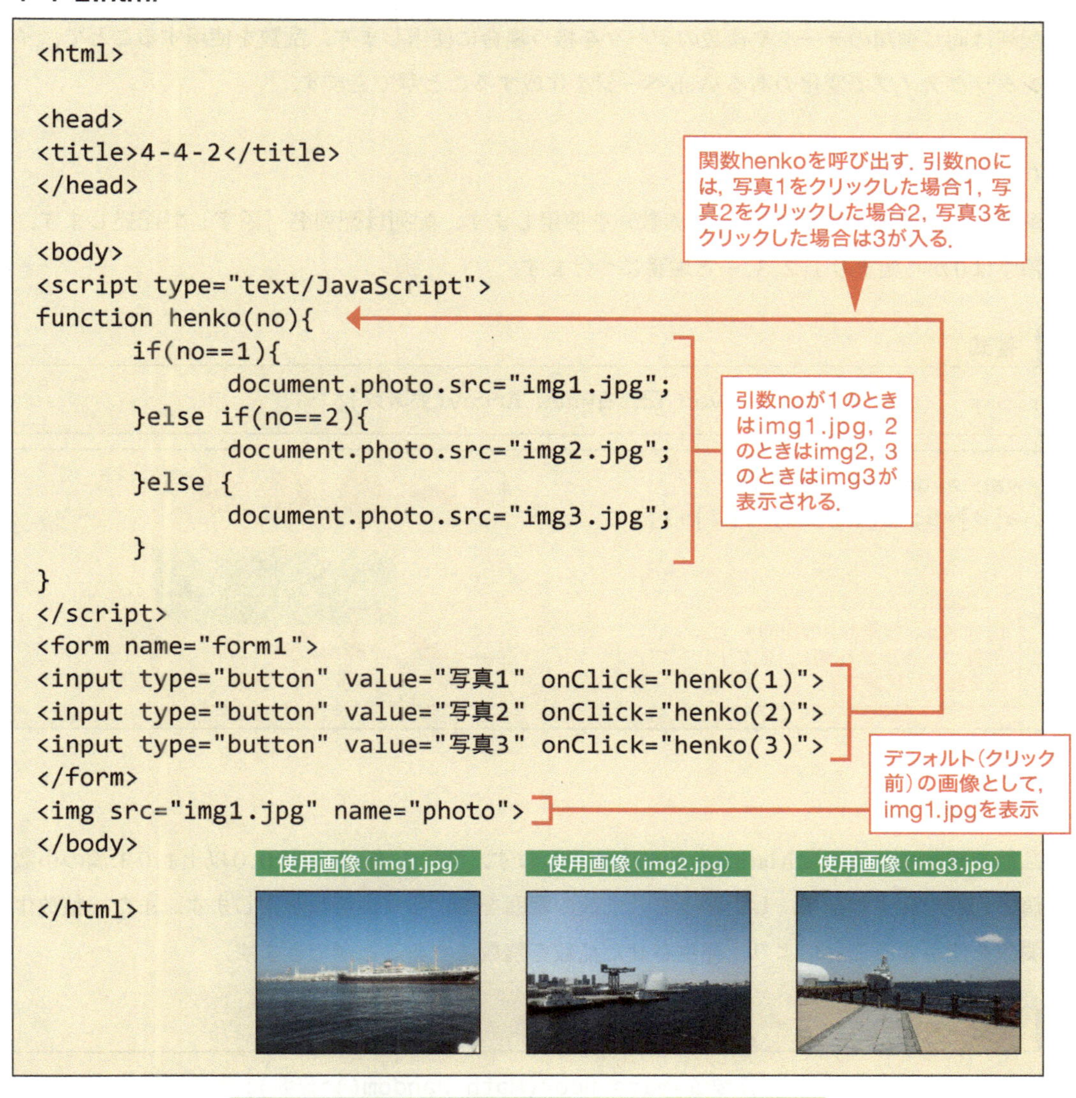

```html
<html>

<head>
<title>4-4-2</title>
</head>

<body>
<script type="text/JavaScript">
function henko(no){
        if(no==1){
                document.photo.src="img1.jpg";
        }else if(no==2){
                document.photo.src="img2.jpg";
        }else {
                document.photo.src="img3.jpg";
        }
}
</script>
<form name="form1">
<input type="button" value="写真1" onClick="henko(1)">
<input type="button" value="写真2" onClick="henko(2)">
<input type="button" value="写真3" onClick="henko(3)">
</form>
<img src="img1.jpg" name="photo">
</body>

</html>
```


Webブラウザ表示

4.4.3 配列と乱数

配列は同じ種類のデータや複数のデータを扱う場合に使用します．乱数を使用することで，インタラクティブで変化のあるWebページを作成することができます．

(1) 配列

配列を定義するときはArray(要素数) を使用します．配列は配列名［添字］で記述します．添字は0から始まり1,2,3,…と順番につけます．

書式

```
var 配列名=new Array(要素数);
```

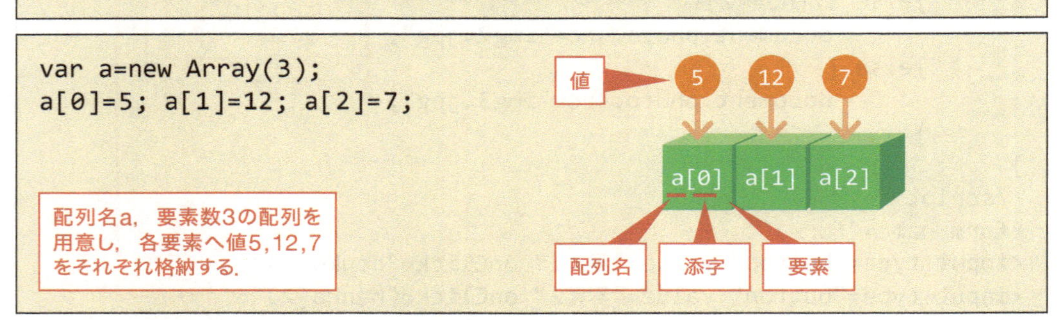

(2) 乱数

乱数を発生させるにはMath.randomを使用します． Math.randomは0.0以上1.0未満の小数値の乱数を発生します．したがって，乱数の範囲を広げるには倍数を乗じます．また，整数化関数を使用することにより，発生させた乱数を整数にすることができます．

書式

```
var 変数名=Math.floor(Math.random()*倍数);
```

```
var b=Math.floor(Math.random()*10);
```

0から9までの整数値の乱数を発生させ，変数bに格納する．

	整数化関数	使用例	値
四捨五入	Math.round()	Math.round(3.1415)	3
切り上げ	Math.ceil()	Math.ceil(3.1415)	4
切り捨て	Math.floor()	Math.floor(3.1415)	3

4-4-3.htmlを作成し，Webブラウザで表示させてみましょう．

4-4-3.html

```
<html>

<head>
<title>4-4-3</title>
</head>

<body>
<script type="text/JavaScript">
function janken(you){
        var cpu, hantei;
        var te=new Array(3);
        te[0]="ぐー";  te[1]="ちょき";  te[2]="ぱー";
        document.form1.you.value=te[you];
        cpu=Math.floor(Math.random()*2);
        document.form1.cpu.value=te[cpu];
        if(you==cpu){
                hantei="引き分け";
        }else if((you==0&&cpu==1)||(you==1&&cpu==2)||
        (you==2&&cpu==0)){
                hantei="勝ち!";
        }else if((you==0&&cpu==2)||(you==1&&cpu==0)||
        (you==2&&cpu==1)){
                hantei="負け";
        }else{
                hantei="判定不能";
        }
        document.form1.hantei.value=hantei;
}
</script>
<h1>じゃんけんのてを選んでね</h1>
<form name="form1">
<input type="button" value="ぐー" onClick="janken(0)">
<input type="button" value="ちょき" onClick="janken(1)">
<input type="button" value="ぱー" onClick="janken(2)">
YOU:<input type="text" name="you" value="">
CPU:<input type="text" name="cpu" value="">
判定:<input type="text" name="hantei" value="">
</form>
</body>

</html>
```

ボタンを用意し，関数jankenを呼び出す．引数（you）には，「ぐー」をクリックした場合0，「ちょき」をクリックした場合1，「ぱー」をクリックした場合は2が入る．

form1のyouへユーザーが選んだじゃんけんの手を格納

form1のcpuへ乱数が決めたじゃんけんの手を格納

form1のhanteiへ勝ち負けの判定を格納

関数jankenにおいて，form1のyou，cpu，valueに格納された値を表示

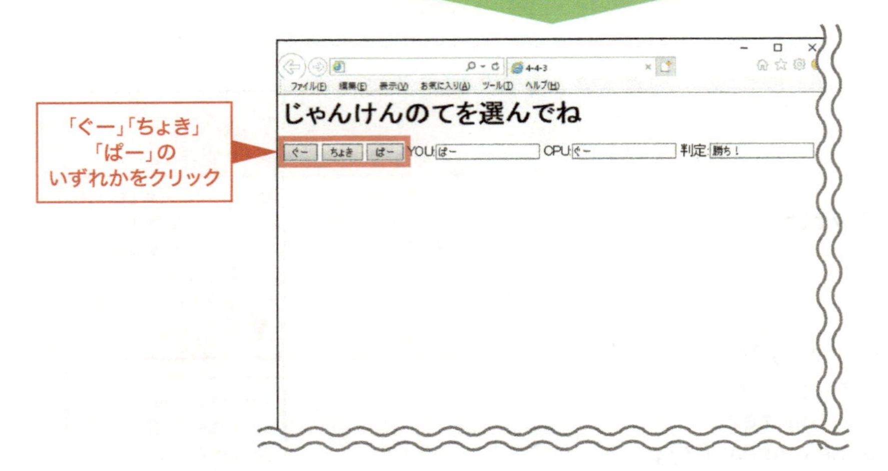
Webブラウザ表示
「ぐー」「ちょき」
「ぱー」の
いずれかをクリック
じゃんけんのてを選んでね
ぐー
ちょき
ぱー
YOU:
ぱー
CPU:
ぐー
判定:
勝ち！

資料

資料1　基本16色（色名／rgb値）

black／#000000

green／#008000

gray／#808080

lime／#00ff00

silver／#c0c0c0

olive／#808000

yellow／#ffff00

white／#ffffff

maroon／#800000

navy／#000080

red／#ff0000

blue／#0000ff

purple／#800080

teal／#008080

fuchsia／#ff00ff

aqua／#00ffff

資料2　カラーチャート216色（rgb値）

#ffffff	#ffffcc	#ffff99	#ffff66	#ffff33	#ffff00
#ffccff	#ffcccc	#ffcc99	#ffcc66	#ffcc33	#ffcc00
#ff99ff	#ff99cc	#ff9999	#ff9966	#ff9933	#ff9900
#ff66Ff	#ff66cc	#ff6699	#ff6666	#ff6633	#ff6600
#ff33ff	#ff33cc	#ff3399	#ff3366	#ff3333	#ff3300
#ff00ff	#ff00cc	#ff0099	#ff0066	#ff0033	#ff0000
#ccffff	#ccffcc	#ccff99	#ccff66	#ccff33	#ccff00
#ccccff	#cccccc	#cccc99	#cccc66	#cccc33	#cccc00
#cc99ff	#cc99cc	#cc9999	#cc9966	#cc9933	#cc9900
#cc66ff	#cc66cc	#cc6699	#cc6666	#cc6633	#cc6600
#cc33ff	#cc33cc	#cc3399	#cc3366	#cc3333	#cc3300
#cc00ff	#cc00cc	#cc0099	#cc0066	#cc0033	#cc0000
#99ffff	#99ffcc	#99ff99	#99ff66	#99ff33	#99ff00
#99ccff	#99cccc	#99cc99	#99cc66	#99cc33	#99cc00
#9999ff	#9999cc	#999999	#999966	#999933	#999900
#9966ff	#9966cc	#996699	#996666	#996633	#996600
#9933ff	#9933cc	#993399	#993366	#993333	#993300
#9900ff	#9900cc	#990099	#990066	#990033	#990000

#66ffff	#66ffcc	#66ff99	#66ff66	#66ff33	#66ff00
#66ccff	#66cccc	#66cc99	#66cc66	#66cc33	#66cc00
#6699ff	#6699cc	#669999	#669966	#669933	#669900
#6666ff	#6666cc	#666699	#666666	#666633	#666600
#6633ff	#6633cc	#663399	#663366	#663333	#663300
#6600ff	#6600cc	#660099	#660066	#660033	#660000
#33ffff	#33ffcc	#33ff99	#33ff66	#33ff33	#33ff00
#33ccff	#33cccc	#33cc99	#33cc66	#33cc33	#33cc00
#3399ff	#3399cc	#339999	#339966	#339933	#339900
#3366ff	#3366cc	#336699	#336666	#336633	#336600
#3333ff	#3333cc	#333399	#333366	#333333	#333300
#3300ff	#3300cc	#330099	#330066	#330033	#330000
#00ffff	#00ffcc	#00ff99	#00ff66	#00ff33	#00ff00
#00ccff	#00cccc	#00CC99	#00cc66	#00cc33	#00cc00
#0099ff	#0099cc	#009999	#009966	#009933	#009900
#0066ff	#0066cc	#006699	#006666	#006633	#006600
#0033ff	#0033cc	#003399	#003366	#003333	#003300
#0000ff	#0000cc	#000099	#000066	#000033	#000000

索引

タグ

英字

ア行

カ行

サ行

タ行

ナ行

ハ行

マ行

ヤ行

ラ行

［編著者］
松下 孝太郎
まつした こうたろう

神奈川県横浜市生
横浜国立大学大学院工学研究科人工環境システム学専攻博士後期課程修了 博士（工学）
現在，(学)東京農業大学 東京情報大学総合情報学部 教授
画像処理，コンピュータグラフィックス，教育工学等の研究に従事

［著者］
山本 光
やまもと こう

神奈川県横須賀市生
横浜国立大学大学院環境情報学府情報メディア環境学専攻博士後期課程満期退学
現在，横浜国立大学教育学部 准教授
数学教育学，離散数学，教育工学等の研究に従事

沼 晃介
ぬま こうすけ

石川県金沢市生
総合研究大学院大学複合科学研究科情報学専攻博士課程修了 博士（情報学）
現在，専修大学ネットワーク情報学部 准教授
ユーザインタフェース，人工知能，ウェブ工学等の研究に従事

樋口 大輔
ひぐち だいすけ

神奈川県横須賀市生
早稲田大学大学院商学研究科商学専攻博士後期課程満期退学　博士（総合情報学）
現在，(学)東京農業大学 東京情報大学総合情報学部 准教授
経営学，経営戦略，経営情報等の研究に従事

鈴木 一史
すずき もとふみ

千葉県成田市生
筑波大学大学院工学研究科電子情報工学専攻博士課程修了 博士（工学）
現在，放送大学教養学部 准教授
画像処理，コンピュータグラフィックス，データ解析等の研究に従事

市川 博
いちかわ ひろし

東京都八王子市生
東京理科大学大学院理工学研究科経営工学専攻修士課程修了 博士（学術）
現在，大妻女子大学家政学部 教授
人間工学，図書館情報学，教育工学等の研究に従事

編著者紹介

松下（まつした） **孝太郎**（こうたろう）　博士(工学)

2005年　横浜国立大学大学院工学研究科人工環境システム学専攻
博士後期課程修了

現　在　(学)東京農業大学　東京情報大学総合情報学部 教授

NDC 007.64　　126 p　　26 cm

はじめてのWebページ作成 HTML・CSS・JavaScriptの基本

2017年10月30日　第1刷発行
2018年 7月10日　第2刷発行

編著者　松下孝太郎
著　者　山本 光・沼 晃介・樋口大輔・鈴木一史・市川 博
発行者　渡瀨昌彦
発行所　株式会社 講談社
〒112-8001 東京都文京区音羽2-12-21
販 売 (03)5395-4415
業 務 (03)5395-3615
編 集　株式会社 講談社サイエンティフィク
代表 矢吹俊吉
〒162-0825 東京都新宿区神楽坂2-14 ノービィビル
編 集 (03)3235-3701

本文データ制作　鮎川 廉(アユカワデザインアトリエ)
カバー・表紙印刷　豊国印刷株式会社
本文印刷・製本　株式会社講談社

Printed in Japan

ISBN978-4-06-153833-7